Collana di Fisica e Astronomia

A cura di:

Michele Cini
Stefano Forte
Massimo Inguscio
Guida Montagna
Oreste Nicrosini
Franco Pacini
Luca Peliti
Alberto Rotondi

Maurizio Gasperini

Manuale di Relatività Ristretta

Per la Laurea Triennale in Fisica

 Springer

Maurizio Gasperini
Dipartimento di Fisica
Università di Bari

ISBN 978-88-470-1604-0   ISBN 978-88-470-1605-7 (eBook)

DOI 10.1007/978-88-470-1605-7

© Springer-Verlag Italia 2010

Riprodotto da copia camera-ready fornita dall'Autore
Progetto grafico della copertina: Simona Colombo, Milano

Springer-Verlag Italia S.r.l., Via Decembrio 28, I-20137 Milano
Springer fa parte di Springer Science+Business Media (www.springer.com)

A mia moglie e mia figlia

Prefazione

Questo manuale è stato preparato come specifico testo di riferimento per gli studenti che seguono le lezioni di relatività ristretta durante i corsi del secondo/terzo anno del nuovo ordinamento di laurea in Fisica.

Nell'ambito del vecchio ordinamento di laurea tali lezioni facevano parte del corso annuale di Relatività, che comprendeva la relatività ristretta e la relatività generale. Erano lezioni rivolte a studenti in fase di preparazione avanzata, e potevano essere svolte in modo dettagliato e approfondito. Con l'introduzione della nuova Laurea Triennale (o Laurea di I Livello) le nozioni di relatività ristretta vengono invece impartite nell'ambito di un breve modulo didattico (che normalmente fa parte del corso di introduzione alla fisica teorica e alla meccanica quantistica). Si è reso quindi necessario un adeguamento non solo dei contenuti ma anche dei tempi e dei modi di insegnamento.

Questo testo è frutto di un impegno più che decennale nell'insegnamento della relatività (ristretta e generale) per il corso di laurea in Fisica (attualmente a Bari e in precedenza a Torino). Avendo vissuto in prima persona il passaggio dal vecchio al nuovo ordinamento ho potuto direttamente constatare – e constato tuttora – il disagio degli attuali studenti nei confronti dei vecchi libri di relatività. Ho quindi cercato di preparare un testo che contenesse le nozioni necessarie per i programmi del nuovo ordinamento, che seguisse la traccia e lo stile delle lezioni che vengono impartite al giorno d'oggi, e che fosse – possibilmente – conciso, compatto, essenziale, di facile consultazione e di immediato utilizzo.

Assumendo che lo studente possieda già le nozioni di base della meccanica Newtoniana e dell'elettromagnetismo classico, questo testo si focalizza sull'introduzione alle trasformazioni di Lorentz, sulla formulazione covariante delle equazioni elettromagnetiche, e sulle nozioni elementari di cinematica e dinamica relativistiche. Sono state inoltre inserite due brevi appendici su argomenti che esulano dagli obiettivi di un approccio introduttivo alla relatività, ma che possono risultare utili in vista dei corsi da affrontare in seguito. Queste appendici riguardano infatti la cinematica dei processi d'urto e l'effetto

Cherenkov.

Si informano infine i lettori interessati alla fisica relativistica che possono trovare una continuazione naturale di questo testo in un altro libro dedicato alla relatività generale, alla teoria della gravitazione, e alle sue moderne problematiche di tipo teorico e fenomenologico[1].

Cesena, gennaio 2010   *Maurizio Gasperini*

---

[1] M. Gasperini: *Relatività Generale e Teoria della Gravitazione* (Springer-Verlag, Milano, 2010).

Notazioni, convenzioni e unità di misura

In questo testo usiamo le lettere latine minuscole per gli indici che variano da
1 a 3,

$$i, j, a, b, \ldots = 1, 2, 3;$$

chiamiamo x^4 la coordinata temporale,

$$x^4 = ct$$

(dove c è la velocità della luce nel vuoto), e usiamo le lettere greche minuscole
per gli indici che variano da 1 a 4:

$$\mu, \nu, \alpha, \beta, \ldots = 1, 2, 3, 4.$$

La metrica di Minkowski $\eta_{\mu\nu}$ ha componenti:

$$\eta_{ij} = \delta_{ij}, \qquad \eta_{i4} = 0 = \eta_{4i}, \qquad \eta_{44} = -1.$$

Adottiamo inoltre la convenzione della sommatoria, secondo la quale indici
ripetuti, in posizione verticale opposta, si intendono sommati:

$$x^\mu x_\mu \equiv \sum_{\mu=1}^{4} x^\mu x_\mu, \qquad x^i x_i \equiv \sum_{i=1}^{3} x^i x_i,$$

Le componenti di un vettore, quando indicate in modo esplicito, vengono
incluse in parentesi tonde e separate da una virgola (spesso raggruppando le
componenti di tipo spaziale con un solo simbolo). Ad esempio:

$$x^i = \left(x^1, x^2, x^3\right), \qquad x^\mu = \left(x^1, x^2, x^3, x^4\right) \equiv \left(x^i, x^4\right),$$

oppure, usando la notazione vettoriale,

$$\mathbf{x} = \left(x^1, x^2, x^3\right), \qquad x^\mu = \left(\mathbf{x}, x^4\right).$$

Il prodotto scalare tra due vettori $\mathbf{A}$ e $\mathbf{B}$ dello spazio euclideo tridimensionale viene indicato con un punto,

$$\mathbf{A} \cdot \mathbf{B} = A^i B_i,$$

il prodotto vettoriale con il simbolo moltiplicativo $\times$,

$$\mathbf{C} = \mathbf{A} \times \mathbf{B},$$

o anche, in componenti,

$$C_i = \epsilon_{ijk} A^j B^k,$$

dove ϵ_{ijk} è il simbolo completamente antisimmetrico di Levi-Civita, normalizzato con la convenzione $\epsilon_{123} = +1$, e definito da:

$$\epsilon_{ijk} = \begin{cases} +1, & ijk \text{ permutazione pari di } 123, \\ -1, & ijk \text{ permutazione dispari di } 123, \\ 0, & \text{due indici uguali.} \end{cases}$$

L'operatore gradiente ha componenti

$$\boldsymbol{\nabla} \equiv \frac{\partial}{\partial x^i} \equiv \partial_i = \left(\frac{\partial}{\partial x^1}, \frac{\partial}{\partial x^2}, \frac{\partial}{\partial x^3} \right),$$

e l'operatore D'Alembertiano è definito da

$$\Box \equiv \nabla^2 - \frac{1}{c^2} \frac{\partial^2}{\partial t^2},$$

dove $\nabla^2 = \boldsymbol{\nabla} \cdot \boldsymbol{\nabla}$ è l'operatore Laplaciano.

Le notazioni e convenzioni relative al formalismo tensoriale verranno esplicitamente introdotte nel Capitolo 3.

Infine, il sistema di unità usato è il sistema di unità Gaussiane CGS non razionalizzato, nel quale le dimensioni del campo elettrico $\mathbf{E}$ e del campo magnetico $\mathbf{B}$ sono le stesse,

$$[E] = [B] = M^{1/2} L^{-1/2} T^{-1},$$

e le equazioni di Maxwell assumono la forma

$$\boldsymbol{\nabla} \cdot \mathbf{E} = 4\pi \rho, \qquad\qquad \boldsymbol{\nabla} \cdot \mathbf{B} = 0,$$
$$\boldsymbol{\nabla} \times \mathbf{E} = -\frac{1}{c} \frac{\partial \mathbf{B}}{\partial t}, \qquad\qquad \boldsymbol{\nabla} \times \mathbf{B} = \frac{4\pi}{c} \mathbf{J} + \frac{1}{c} \frac{\partial \mathbf{E}}{\partial t},$$

dove c è la velocità della luce nel vuoto,

$$c = 2.99792 \times 10^{10} \text{cm/s}.$$

Anche le dimensioni del potenziale vettore $\mathbf{A}$ e del potenziale scalare ϕ sono le stesse,

$$[A] = [\phi] = M^{1/2}L^{1/2}T^{-1},$$

e la relazione tra campi e potenziali assume la forma:

$$\mathbf{E} = -\boldsymbol{\nabla}\phi - \frac{1}{c}\frac{\partial \mathbf{A}}{\partial t}, \qquad \mathbf{B} = \boldsymbol{\nabla} \times \mathbf{A}.$$

Qualunque altra notazione e convenzione non compresa in questa sezione verrà esplicitamente introdotta nel testo, ove necessario.

Indice

1

Introduzione alle trasformazioni di Lorentz

In questo primo capitolo, di carattere fenomenologico e introduttivo, discuteremo brevemente alcuni argomenti che giustificano i postulati di base della relatività ristretta, e suggeriscono una possibile generalizzazione delle trasformazioni di coordinate tra i sistemi inerziali.

Mostreremo, in particolare, che l'invarianza per trasformazioni di Galilei presente nelle equazioni della meccanica Newtoniana non è compatibile con i fenomeni elettromagnetici noti e con le equazioni di Maxwell che li descrivono. Una descrizione fisica della natura che inglobi meccanica ed elettromagnetismo, e che risulti unitaria e autoconsistente, deve quindi necessariamente fondarsi su di un principio di relatività più generale di quello Galileiano. Tale principio, formulato da Einstein, porta a sostituire le trasformazioni di Galilei con le cosiddette trasformazioni di Lorentz.

In questo capitolo – così come in tutti quelli successivi – assumeremo che il lettore possieda già le nozioni di base della meccanica Newtoniana e dell'elettromagnetismo classico. Eventuali ulteriori nozioni verranno introdotte o esplicitamente richiamate, di volta in volta, dove necessario.

1.1 Le trasformazioni di Galilei

Nell'ambito della meccanica newtoniana è ben noto che i sistemi di riferimento inerziali – ossia i sistemi nei quali un corpo non soggetto a forze si muove di moto rettilineo ed uniforme – sono collegati tra loro dalle cosiddette "trasformazioni di Galilei".

Dati due riferimenti inerziali S ed S', individuati rispettivamente dai sistemi di coordinate $\{\mathbf{x}, t\}$ e $\{\mathbf{x}', t'\}$, e caratterizzati da una velocità relativa $\mathbf{v}$ costante, la trasformazione di Galilei che li collega è definita da:

$$\mathbf{x}' = \mathbf{x} - \mathbf{v}t, \qquad\qquad t' = t, \qquad\qquad (1.1)$$

dove $\mathbf{v}$ è la velocità di S' rispetto a S. Questa legge di trasformazione ha quattro conseguenze importanti.

• La prima (ovvia) conseguenza riguarda l'invarianza degli intervalli temporali,

$$\Delta t' = \Delta t \tag{1.2}$$

(in accordo alla famosa ipotesi di Newton circa l'esistenza di un tempo assoluto, che scorre in modo uniforme sempre e ovunque).

• La seconda conseguenza riguarda l'invarianza delle lunghezze. Prendiamo, ad esempio, un oggetto unidimensionale, e ricordiamo che la sua lunghezza è definita come la differenza (in valore assoluto) delle coordinate dei suoi estremi. Se l'oggetto è in moto le coordinate degli estremi vanno prese, ovviamente, allo stesso istante (vale a dire che l'intervallo di tempo Δt tra le misure delle coordinate dei due estremi deve essere nullo).

Sia dato dunque un oggetto che nel riferimento inerziale S ha lunghezza $L = |\Delta\mathbf{x}|_{\Delta t=0}$. La sua lunghezza nel riferimento S' si trova applicando la trasformazione (1.1),

$$L' = |\Delta\mathbf{x}'|_{\Delta t'=0} = |\Delta\mathbf{x} - \mathbf{v}\Delta t|_{\Delta t=0} = |\Delta\mathbf{x}|_{\Delta t=0} = L, \tag{1.3}$$

e coincide con quella del riferimento S.

• La terza conseguenza riguarda la composizione vettoriale delle velocità. Diffferenziando rispetto al tempo le trasformazioni (1.1) abbiamo:

$$\mathbf{u}' = \frac{d\mathbf{x}'}{dt'} = \frac{d\mathbf{x}'}{dt} = \frac{d\mathbf{x}}{dt} - \mathbf{v} \equiv \mathbf{u} - \mathbf{v}. \tag{1.4}$$

La velocità $\mathbf{u}'$ di un oggetto in moto nel riferimento S' si ottiene dunque sommando vettorialmente la velocità $\mathbf{u}$ dell'oggetto nel riferimento S e la velocità $-\mathbf{v}$ di S rispetto a S'.

• La quarta conseguenza riguarda l'invarianza delle accelerazioni. Derivando rispetto al tempo l'Eq. (1.4), e ricordando che $\mathbf{v}$ è costante, abbiamo infatti:

$$\mathbf{a}' = \frac{d\mathbf{u}'}{dt'} = \frac{d\mathbf{u}}{dt} = \mathbf{a}. \tag{1.5}$$

Questo implica, in particolare, che le equazioni della meccanica Newtoniana mantengano la stessa forma in tutti i sistemi inerziali.

1.1.1 Relatività Galileiana ed equazioni di Maxwell

Le trasformazioni di Galilei sono strettamente collegate a quello che viene chiamato "principio di relatività Galileiano", secondo il quale risulta impossibile determinare la velocità assoluta di un sistema di riferimento inerziale mediante esperimenti puramente meccanici. Tale principio può essere sinteticamente formulato come segue:

i) gli intervalli temporali sono gli stessi in tutti i sistemi inerziali;

ii) le leggi della meccanica sono le stesse in tutti i sistemi inerziali.

Le trasformazioni di Galilei, in particolare, possono essere ricavate come conseguenza diretta di queste ipotesi.

Il principio di relatività Galileiano sta dunque alla base della descrizione Newtoniana dei fenomeni dinamici, ma – come verificheremo in questo capitolo – *non* è compatibile coi fenomeni elettromagnetici descritti dalle equazioni di Maxwell.

Tali equazioni, infatti, definiscono in modo univoco la velocità di propagazione della luce. Le velocità, però, non sono invarianti per trasformazioni di Galilei: passando da un riferimento inerziale ad un altro mediante una di queste trasformazioni la velocità della luce deve cambiare (in accordo all'Eq. (1.4)), e dunque deve cambiare la forma delle equazioni di Maxwell. Perciò la teoria elettromagnetica di Maxwell non può essere invariante per le trasformazioni di Galilei, al contrario della meccanica Newtoniana.

Per verificare in modo esplicito questa importante osservazione consideriamo le equazioni di Maxwell nel vuoto,

$$\boldsymbol{\nabla} \cdot \mathbf{E} = 0, \qquad\qquad \boldsymbol{\nabla} \cdot \mathbf{B} = 0,$$

$$\boldsymbol{\nabla} \times \mathbf{E} = -\frac{1}{c}\frac{\partial \mathbf{B}}{\partial t}, \qquad\qquad \boldsymbol{\nabla} \times \mathbf{B} = \frac{1}{c}\frac{\partial \mathbf{E}}{\partial t}, \qquad (1.6)$$

e combiniamole in modo da ottenere l'equazione di propagazione (o equazione di D'Alembert) per il campo elettrico. A questo scopo prendiamo il doppio rotore di $\mathbf{E}$ ed inseriamo, al membro destro, il rotore di $\mathbf{B}$ ottenuto dall'ultima delle precedenti equazioni. Otteniamo così il risultato

$$\boldsymbol{\nabla} \times (\boldsymbol{\nabla} \times \mathbf{E}) \equiv \boldsymbol{\nabla}(\boldsymbol{\nabla} \cdot \mathbf{E}) - \nabla^2 \mathbf{E} = -\frac{1}{c}\frac{\partial}{\partial t}(\boldsymbol{\nabla} \times \mathbf{B}) = -\frac{1}{c^2}\frac{\partial^2 \mathbf{E}}{\partial t^2}, \qquad (1.7)$$

dove $\nabla^2 \equiv \boldsymbol{\nabla} \cdot \boldsymbol{\nabla}$ indica l'operatore differenziale Laplaciano. Tenendo conto che il campo elettrico ha divergenza nulla arriviamo infine all'equazione d'onda,

$$\left(\nabla^2 - \frac{1}{c^2}\frac{\partial^2}{\partial t^2}\right)\mathbf{E} \equiv \Box\mathbf{E} = 0, \qquad (1.8)$$

dove $\Box$ indica l'operatore D'Alembertiano.

Supponiamo, per semplicità, che il campo elettrico vari lungo una sola direzione spaziale, che identifichiamo con l'asse x di un opportuno sistema inerziale S. In questo caso l'equazione d'onda dipende da due sole variabili, e nel riferimento S assume la forma

$$\left(\frac{\partial^2}{\partial x^2} - \frac{1}{c^2}\frac{\partial^2}{\partial t^2}\right)E(x,t) = 0. \qquad (1.9)$$

Chiediamoci qual è la forma corrispondente di questa equazione in un generico sistema inerziale S', le cui coordinate $\{x', t'\}$ solo collegate a quelle di S dalla trasformazione di Galilei

$$x' = x - vt, \qquad\qquad t' = t, \qquad\qquad (1.10)$$

dove v è costante.

Nel sistema S' dovremo esprimere E in funzione delle coordinate x' e t', e quindi le derivate parziali di E rispetto a x e t diventano (usando l'Eq. (1.10)):

$$\frac{\partial E}{\partial x} = \frac{\partial x'}{\partial x}\frac{\partial E}{\partial x'} = \frac{\partial E}{\partial x'},$$
$$\frac{\partial E}{\partial t} = \frac{\partial t'}{\partial t}\frac{\partial E}{\partial t'} + \frac{\partial x'}{\partial t}\frac{\partial E}{\partial x'} = \frac{\partial E}{\partial t'} - v\frac{\partial E}{\partial x'}. \qquad (1.11)$$

Derivando una seconda volta otteniamo

$$\frac{\partial^2 E}{\partial x^2} = \frac{\partial^2 E}{\partial x'^2},$$
$$\frac{\partial^2 E}{\partial t^2} = \frac{\partial^2 E}{\partial t'^2} - 2v\frac{\partial^2 E}{\partial x'\partial t'} + v^2\frac{\partial^2 E}{\partial x'^2}. \qquad (1.12)$$

Sostituendo nell'Eq. (1.9) troviamo infine che nel sistema S' l'equazione d'onda diventa:

$$\left[\left(1 - \frac{v^2}{c^2}\right)\frac{\partial^2}{\partial x'^2} - \frac{1}{c^2}\frac{\partial^2}{\partial t'^2} + 2\frac{v}{c^2}\frac{\partial^2}{\partial x'\partial t'}\right] E(x', t') = 0. \qquad (1.13)$$

Il risultato ottenuto mostra chiaramente che le trasformazioni di Galilei non preservano la forma dell'Eq. (1.9) che descrive la propagazione del campo elettrico (e quindi, ovviamente, non preservano la forma delle equazioni di Maxwell da cui essa deriva). Il confronto con l'invarianza Galileiana delle equazioni di Newton ci porta allora a considerare tre possibili alternative riguardo all'eventuale ruolo giocato da un principio di relatività che, come quello Galileiano, sancisca l'equivalenza fisica dei sistemi inerziali.

- **Un principio di relatività solo in meccanica**

  Una prima possibilità è che il principio di relatività sia valido nella sua forma Galileiana, ma si applichi *solo* alle leggi della meccanica e non al resto dei fenomeni fisici. In questo caso possiamo usare le trasformazioni di Galilei tra i sistemi inerziali, e per i fenomeni elettromagnetici possono restare valide le equazioni di Maxwell, senza che questo generi contraddizioni (in linea di principio) con le proprietà di invarianza della dinamica Newtoniana.

- **Modifica "Galileiana" delle equazioni di Maxwell**

  Una seconda possibilità è che il principio di relatività sia valido nella sua forma Galileiana, e si applichi a *tutti* i fenomeni fisici. In questo caso le trasformazioni di coordinate tra i sistemi inerziali restano quelle di Galilei, ma le equazioni di Maxwell sono da modificare perchè nella loro forma originale risultano incompatibili con l'invarianza Galileiana.

- **Modifica "relativistica" delle trasformazioni di Galilei**

  Una terza possibilità, infine, è che il principio di relatività si applichi a *tutti* i fenomeni fisici, e che i fenomeni elettromagnetici siano correttamente descritti dalle *usuali* equazioni di Maxwell. In questo caso è necessario modificare le trasformazioni di coordinate tra i sistemi inerziali, perchè le trasformazioni di Galilei non sono compatibili con la teoria di Maxwell. È anche necessario, di conseguenza, modificare la dinamica Newtoniana per avere delle equazioni del moto che siano in accordo con l'invarianza rispetto a questo nuovo tipo di trasformazioni.

Le tre alternative appena elencate sono tutte logicamente possibili, in linea di principio, ma si escludono automaticamente a vicenda. La scelta tra di esse va ovviamente effettuata – come di regola avviene per le ipotesi fisiche – sulla base dei risultati sperimentali (e non dei nostri eventuali "pregiudizi" teorici).

Analizzando separatamente questi tre casi possiamo allora osservare che la seconda possibilità, relativa ad una modifica delle equazioni di Maxwell, va subito scartata sulla base di solidi dati osservativi.

Basterà menzionare, a questo proposito, i cosiddetti modelli di tipo "emissivo" che, per rendere compatibili le equazioni elettromagnetiche con la composizione Galileiana delle velocità, assumevano che la velocità della luce dipendesse dalla velocità della sorgente emittente. Tutti questi modelli sono risultati in forte disaccordo con le classiche osservazioni astronomiche relative alle orbite dei sistemi stellari binari. Infatti, se la luce emessa da una stella orbitante arrivasse con velocità diversa a seconda che la stella si trovi in fase di avvicinamento o allontanamento rispetto all'osservatore terrestre, allora per tale osservatore l'orbita risulterebbe distorta (cosa che invece non avviene).

Si può aggiungere che i modelli emissivi sono stati anche contraddetti, più recentemente, dai precisi risultati della fisica subnucleare. Ad esempio, il processo di decadimento del pione neutro in due fotoni ($\pi^0 \to \gamma + \gamma$) mostra chiaramente che la velocità della radiazione elettromagnetica emessa (ossia, dei fotoni γ) *non dipende* in nessun modo dalla velocità della sorgente pionica π^0. A causa di tutti questi risultati negativi la seconda possibilità (modifica "Galileiana" delle equazioni di Maxwell) è stata rapidamente e definitivamente abbandonata.

La prima possibilità (un principio di relatività valido solo per la meccanica) è stata invece presa in considerazione più a lungo e più seriamente, e merita quindi una discussione più dettagliata, che verrà presentata nella sezione seguente.

1.2 Un principio di relatività solo per la meccanica?

L'ipotesi che il principio di relatività Galileiano si applichi ai fenomeni meccanici ma non a quelli elettromagnetici rappresenta (tra le tre elencate) la possibilità di tipo più conservativo, perchè consente l'uso simultaneo delle trasformazioni di Galilei e delle equazioni di Maxwell, entrambe senza modifiche. Per questo motivo tale ipotesi è stata subito adottata e lungamente considerata nella fisica "pre-Einsteiniana", nonostante le sue inevitabili conseguenze fenomenologiche che – perlomeno oggi – possono apparire poco naturali.

Secondo questa ipotesi, infatti, deve esistere un sistema di riferimento inerziale "privilegiato" rispetto al quale la luce nel vuoto si propaga con velocità c, e le equazioni di Maxwell assumono la loro forma ordinaria (1.6). Si può anche immaginare, allora, che questo riferimento speciale individui lo stato di riposo rispetto ad un ipotetico mezzo – il cosiddetto "etere" – che riempie tutto lo spazio in maniera omogenea ed isotropa, e che costituisce il supporto meccanico alla propagazione delle onde elettromagnetiche (così come l'aria fa da supporto alla propagazione delle onde sonore).

Se questo è il caso dovrebbe essere possibile mettere in evidenza, mediante opportuni esperimenti di tipo elettromagnetico, il moto di un sistema inerziale rispetto al sistema privilegiato dell'etere. Tutti gli esperimenti effettuati, però, hanno dato risultati negativi e contraddittori tra loro, come illustreremo brevemente nelle sezioni seguenti.

1.2.1 Interferometri e trascinamento dell'etere

La classe di esperimenti forse più nota ha avuto origine con il celebre esperimento di Michelson-Morley nel 1887, ed è basata sull'utilizzo di uno strumento ottico, detto "interferometro", che permette di studiare l'interferenza tra due fasci luminosi in laboratorio.

Possiamo notare, infatti, che il laboratorio è solidale con la superficie della terra e che la terra – a causa dei suoi moti astronomici (rotazione, rivoluzione, etc.) – è sicuramente in moto rispetto al sistema inerziale dell'etere. Ne consegue che anche un interferometro posto in laboratorio deve muoversi rispetto all'etere. Questo stato di moto, d'altra parte, dovrebbe influenzare le figure di interferenza che si formano nello strumento: in particolare, quando cambia lo stato di moto relativo tra etere e interferometro, dovrebbero cambiare anche le figure di interferenza che si osservano.

Per discutere questo effetto consideriamo uno strumento con due bracci ortogonali, di lunghezza L_1 e L_2 (si veda la Fig. 1.1). Il fascio di luce incidente, prodotto dalla sorgente S, viene sdoppiato e convogliato lungo i due bracci, in fondo ai quali viene riflesso da due specchi M_1 e M_2. Al termine di questo cammino di andata e ritorno il fascio viene ricombinato e quindi trasmesso al punto O, dove si osservano le eventuali frange di interferenza che si producono.

Le frange prodotte dipendono dalla differenza dei cammini ottici dei due rami del fascio, ossia dalla differenza dei tempi impiegati dal fascio a percorrere il cammino di andata e ritorno lungo i due diversi bracci dell'interferometro. Questa differenza dipende sia dalla lunghezza dei bracci, sia dalla velocità con

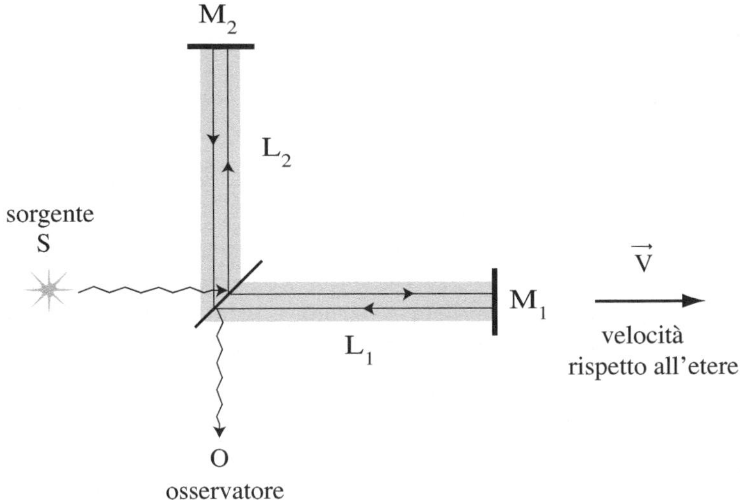

Figura 1.1. Schema semplificato dell'interferometro di Michelson-Morley con due bracci ortogonali di lunghezza L_1 e L_2. Si suppone che l'apparato sia in moto rispetto all'etere con velocità **v** parallela alla direzione del braccio L_1

cui la luce si propaga lungo di essi. Tale velocità è pari a c (ed è la stessa in tutte le direzioni) nel sistema di riferimento dell'etere, ma è diversa da c (e dipende dalla direzione) nel riferimento dell'interferometro in moto.

Per calcolare l'effetto del moto attraverso l'etere cominciamo col supporre che l'interferometro si stia spostando attraverso di esso con una velocità **v** che è costante e orientata parallelamente al braccio di lunghezza L_1. Nel riferimento dell'interferometro la velocità della luce si ottiene applicando la composizione Galileiana delle velocità, Eq. (1.4). Il tempo di andata e ritorno lungo il braccio L_1 sarà dunque dato da:

$$t_1 = \frac{L_1}{c-v} + \frac{L_1}{c+v} = \frac{2L_1}{c}\frac{1}{1-v^2/c^2}. \tag{1.14}$$

Per il calcolo del tempo t_2 di andata e ritorno lungo il braccio L_2, perpendicolare al moto, è conveniente porsi nel riferimento dell'etere, sfruttando il fatto che gli intervalli temporali sono invarianti per trasformazioni di Galilei. In questo riferimento la velocità della luce è c, ma il braccio dell'interferometro, mentre la luce percorre la distanza L_2, si sposta perpendicolarmente a se stesso di una quantità pari a $vt_2/2$. La distanza percorsa dalla luce con velocità c durante il tragitto di andata, in un tempo $t_2/2$, è dunque data da:

$$d \equiv \frac{ct_2}{2} = \sqrt{L_2^2 + \left(\frac{vt_2}{2}\right)^2}. \tag{1.15}$$

Elevando al quadrato e risolvendo per t_2 si ottiene:

$$t_2 = \frac{2L_2}{c} \frac{1}{\sqrt{1 - v^2/c^2}}. \tag{1.16}$$

I tempi di percorrenza lungo i due bracci sono dunque diversi, e la loro differenza,

$$\Delta t = t_1 - t_2 = \frac{2}{c} \left(\frac{L_1}{1 - v^2/c^2} - \frac{L_2}{\sqrt{1 - v^2/c^2}} \right), \tag{1.17}$$

produce la formazione di frange di interferenza (anche nel caso particolare in cui $L_1 = L_2$). Se ora ruotiamo lo strumento di 90 gradi si invertono i ruoli dei due bracci (L_1 diventa perpendicolare al moto, mentre L_2 diventa parallelo), e la differenza dei tempi di percorrenza diventa

$$(\Delta t)_{\pi/2} = \frac{2}{c} \left(\frac{L_1}{\sqrt{1 - v^2/c^2}} - \frac{L_2}{1 - v^2/c^2} \right). \tag{1.18}$$

Poichè $(\Delta t)_{\pi/2} \neq \Delta t$, la rotazione dello strumento dovrebbe produrre uno spostamento delle frange di interferenza.

L'effetto è molto piccolo, in quanto è del secondo ordine in v/c. Sviluppando all'ordine più basso la differenza (1.18) si ottiene infatti:

$$\begin{aligned}
\Delta t - (\Delta t)_{\pi/2} &= \frac{2}{c} \left(\frac{L_1 + L_2}{1 - v^2/c^2} - \frac{L_1 + L_2}{\sqrt{1 - v^2/c^2}} \right) \\
&= \frac{2}{c} (L_1 + L_2) \left[\left(1 + \frac{v^2}{c^2} + \cdots \right) - \left(1 + \frac{v^2}{2c^2} + \cdots \right) \right] \\
&\simeq \frac{L_1 + L_2}{c} \frac{v^2}{c^2}. \tag{1.19}
\end{aligned}$$

Tenendo conto del moto orbitale della terra attorno al sole con velocità $v_T \simeq 30$ Km/sec $\simeq 10^{-4}c$, e osservando che l'interferometro dovrebbe spostarsi rispetto all'etere con velocità pari almeno a v_T, si trova che lo spostamento di frange previsto dall'Eq. (1.19) è compatibile con la sensibilità dello strumento, e dovrebbe essere osservato. I risultati sperimentali, invece, hanno categoricamente escluso che si produca uno spostamento di frange di tale ampiezza, sia facendo ruotare manualmente lo strumento, sia sfruttando la rotazione naturale dello strumento associata al moto della terra attorno al suo asse (che dovrebbe produrre un effetto con periodicità giornaliera) e attorno al sole (che dovrebbe produrre un effetto con periodicità stagionale).

I vari tentativi effettuati per cercare di conciliare questi risultati negativi con l'esistenza dell'etere (e del riferimento privilegiato ad essa associato) hanno tutti fallito il loro scopo.

Possiamo ricordare, a questo riguardo, l'ipotesi di Lorentz-Fitzgerald secondo la quale un corpo materiale, in moto attraverso l'etere con velocità $\mathbf{v}$, si contrae di un fattore $\sqrt{1 - v^2/c^2}$ in direzione del moto. Se applichiamo questa contrazione al braccio dell'interferometro parallelo al moto dobbiamo moltiplicare per $\sqrt{1 - v^2/c^2}$ il termine contenente L_1 in Eq. (1.17), e il termine contenente L_2 in Eq. (1.18). Si trova allora

$$\Delta t = \frac{2}{c} \frac{L_1 - L_2}{\sqrt{1 - v^2/c^2}} = (\Delta t)_{\pi/2}\,, \tag{1.20}$$

per cui, in questo caso, la rotazione di $\pi/2$ non produce alcun spostamento di frange.

Anche in questo caso, tuttavia, il moto rispetto all'etere continua a produrre uno spostamento di frange tutte le volte che la velocità relativa cambia (in modulo) dal valore v ad un valore $v' \neq v$. Calcolando $\Delta t(v)$ e $\Delta t(v')$ secondo l'Eq. (1.20), e sviluppando il risultato per $v \ll c$, $v' \ll c$, troviamo infatti:

$$\begin{aligned}
\Delta t(v) - \Delta t(v') &= \frac{2}{c}\left(L_1 - L_2\right)\left(\frac{1}{\sqrt{1 - v^2/c^2}} - \frac{1}{\sqrt{1 - v'^2/c^2}}\right) \\
&= \frac{2}{c}\left(L_1 - L_2\right)\left[\left(1 + \frac{v^2}{2c^2} + \cdots\right) - \left(1 + \frac{v'^2}{2c^2} + \cdots\right)\right] \\
&\simeq \frac{L_1 - L_2}{c}\left(\frac{v^2}{c^2} - \frac{v'^2}{c^2}\right).
\end{aligned} \tag{1.21}$$

Esperimenti effettuati mediante interferometri con bracci diseguali ($L_1 \neq L_2$) hanno invece contraddetto l'esistenza di tale effetto, nonostante la presenza di una variazione $v^2 - v'^2 \neq 0$ con modulazione giornaliera (dovuta al moto di rotazione terrestre) e modulazione annuale (dovuta al moto di rivoluzione).

Un'altra ipotesi (ancora più drastica) avanzata per spiegare i risultati negativi degli esperimenti interferometrici riguarda la possibilità che l'etere venga "trascinato" dai corpi materiali in movimento. Se questo fosse il caso la luce che viaggia lungo i bracci dell'interferometro si propagherebbe attraverso un etere che è trascinato, e quindi che è a riposo con lo strumento stesso: la velocità della luce risulterebbe dunque pari a c in tutte le direzioni anche nel riferimento dell'interferometro, e lo spostamento di frange, di conseguenza, scomparirebbe completamente.

Anche questa ipotesi, però, è inconsistente con le osservazioni, come illustreremo nelle due sezioni seguenti.

1.2.2 Aberrazione della luce stellare

L'aberrazione della luce stellare è un effetto ottico, scoperto dall'astronomo Bradley nel 1727, che riguarda la posizione apparente delle stelle sulla volta celeste: le osservazioni astronomiche mostrano che tale posizione non è fissa, ma si sposta lungo una traiettoria ellittica che viene descritta completamente nel giro di un anno solare. Il diametro angolare di tale ellissi è molto piccolo, pari a circa 41 secondi d'arco.

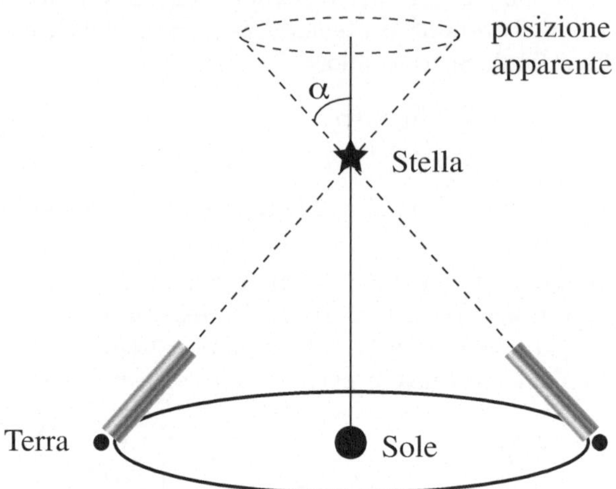

Figura 1.2. Illustrazione schematica dell'effetto di aberrazione per una stella posizionata allo zenit. Per effetto del moto dell'osservatore lungo l'orbita terrestre la posizione apparente della stella descrive una piccola ellisse di apertura angolare $2\alpha \simeq 41$ secondi d'arco

Questo effetto di moto apparente è dovuto, ovviamente, non al moto delle stelle ma al moto annuale dell'osservatore terrestre, che si sposta con velocità v_T lungo un'orbita ellittica intorno al sole (si veda la Fig. 1.2). Al variare della posizione della terra lungo l'orbita è necessario infatti variare l'inclinazione dello strumento ottico (cannocchiale o telescopio) che inquadra la stella (allo stesso modo in cui, se siamo in moto su di un mezzo di trasporto, dobbiamo girare la testa per seguire con gli occhi un oggetto fisso posto sul terreno). Nel giro di un anno, in particolare, l'asse del cannocchiale descrive un cono di apertura angolare 2α che corrisponde, nel riferimento a riposo con l'osservatore, ad un moto ellittico apparente della stella stessa.

Per calcolare l'angolo di inclinazione del cannocchiale supponiamo, per semplicità, che la stella sia posizionata sulla verticale dello strumento, e sia a riposo nel sistema dell'etere. Se anche il cannocchiale è fermo allora, per poter osservare la stella, il suo asse deve avere un'inclinazione $\alpha = 0$ rispetto alla verticale.

Supponiamo ora che il cannocchiale sia in moto rispetto all'etere con velocità v_T diretta orizzontalmente (si veda la Fig. 1.3). Nel tempo Δt durante il quale la luce percorre la distanza verticale che separa l'obiettivo dall'oculare (ossia che separa il punto di ingresso dal punto di uscita dello strumento), il cannocchiale stesso si sposta orizzontalmente di un tratto $v_T \Delta t$ rispetto all'etere. Affinchè la luce penetrata dall'obiettivo raggiunga l'oculare, viaggiando dentro il cannocchiale senza toccare le pareti, è dunque necessario che

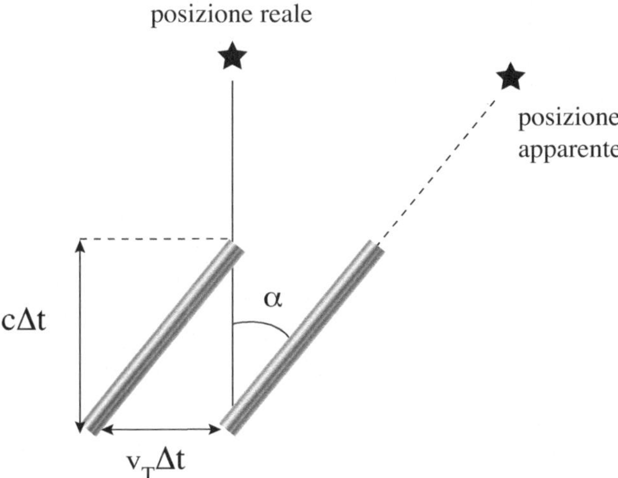

Figura 1.3. Nel riferimento dell'etere la luce percorre con velocità c e in un tempo Δt la distanza verticale che separa l'obiettivo dall'oculare. Nello stesso intervallo di tempo il cannocchiale si sposta di orizzontalmente di un tratto $v_T \Delta t$. La stella viene inquadrata purchè il cannocchiale abbia un'inclinazione α data dall'Eq. (1.22)

il cannocchiale sia inclinato rispetto alla verticale di un angolo α tale che

$$\tan \alpha = \frac{v_T \Delta t}{c \Delta t} = \frac{v_T}{c} \tag{1.22}$$

(si veda la Fig. 1.3). Usando per v_T la velocità orbitale terrestre, pari a circa 30 km/sec, l'Eq. (1.22) fornisce $\alpha \simeq 20.5$ secondi d'arco. Moltiplicando per 2 si ottiene infine l'apertura angolare sottesa dallo spostamento apparente della stella, in accordo con le osservazioni astronomiche.

L'effetto di aberrazione consiste dunque in un cambiamento di direzione dei raggi luminosi prodotto dal passaggio da un sistema di riferimento ad un altro. Tale effetto resta valido (con le necessarie correzioni) anche nell'ambito della teoria della relatività ristretta, come vedremo nel Capitolo 4. Ma il punto che ci interessa sottolineare, per gli scopi di questo capitolo, è che il fenomeno considerato non sarebbe possibile se l'ipotesi di trascinamento dell'etere fosse corretta. Infatti, se l'etere fosse trascinato dalla terra lungo il suo moto, il cannocchiale dell'esempio precedente sarebbe a riposo rispetto all'etere, e non dovrebbe essere inclinato per poter inquadrare la stella. Di conseguenza non ci sarebbe nessun spostamento nella direzione dei raggi luminosi e nella posizione apparente della stella.

L'ipotesi di trascinamento dell'etere è dunque in forte contraddizione con i fenomeni di aberrazione osservati. Ma c'è di più, come vedremo nella sezione seguente.

1.2.3 Trascinamento parziale nei dielettrici in movimento

Consideriamo un raggio luminoso che si propaga all'interno di un dielettrico trasparente che ha indice di rifrazione n, e supponiamo che tale dielettrico sia in moto con velocità v rispetto al laboratorio (possiamo pensare, ad esempio, a un liquido che scorre in un tubo).

La velocità della luce nel dielettrico è c/n (supponiamo, per semplicità, che tale velocità sia parallela alla direzione di moto del dielettrico, così da ridurci a un problema unidimensionale). Se il dielettrico è fermo rispetto al laboratorio, allora c/n è anche la velocità della luce misurata nel sistema di riferimento del laboratorio (possiamo assumere che tale velocità includa gli effetti di un eventuale moto del laboratorio rispetto all'etere). Se il dielettrico invece è in moto, qual è la velocità della luce v_L rispetto al sistema del laboratorio?

La risposta a questa domanda dipende, in modo cruciale, dalle ipotesi fatte circa il trascinamento dell'etere. Se l'etere è trascinato dal dielettrico in movimento allora v_L si dovrebbe ottenere applicando la composizione Galileiana delle velocità, che fornisce il risultato $v_L = c/n + v$. Se l'etere non è trascinato dal dielettrico allora la velocità della luce nel laboratorio dovrebbe restare c/n. La misura sperimentale di tale velocità, effettuata per la prima volta da Fizeau nel 1851, ha fornito invece il risultato

$$v_L = \frac{c}{n} + v \left(1 - \frac{1}{n^2} \right). \qquad (1.23)$$

Il termine in parentesi tonda che moltiplica v è detto *coefficiente di Fresnel*. La presenza di questo coefficiente è perfettamente in accordo con la teoria della relatività ristretta, come vedremo nel Capitolo 4. Ma questo coefficiente contraddice sia l'ipotesi di trascinamento dell'etere (necessaria per spiegare i risultati sperimentali di Michelson-Morley) sia l'ipotesi che l'etere non venga trascinato (necessaria per spiegare i fenomeni di aberrazione osservati).

Il risultato di Fizeau, in particolare, fornisce un valore di v_L che è intermedio tra quello previsto dalle due ipotesi precedenti, e che suggerisce la possibilità di un "trascinamento parziale" dell'etere. Anche questa terza ipotesi, come le altre, sarebbe però formulata *ad hoc* per giustificare i risultati di un esperimento, si applicherebbe solo ad una classe particolare di fenomeni, e sarebbe in contraddizione con le ipotesi formulate in altri contesti.

1.3 Il principio di relatività di Einstein

La discussione della sezione precedente illustra le gravi difficoltà che si incontrano assumendo l'esistenza di un sistema privilegiato (ipotesi fatta per cercare di conciliare l'invarianza Galileiana con le equazioni di Maxwell), e suggerisce dunque di abbandonare tale ipotesi (e, con essa, la prima delle tre possibili alternative proposte in Sez. 1.1.1).

Poichè in precedenza abbiamo già discusso (e scartato) anche la seconda, ci resta solo la terza alternativa che prevede un principio di relatività valido per tutti i fenomeni fisici, e una conseguente modifica delle trasformazioni di Galilei tra i sistemi inerziali. In tale contesto il principio di relatività Galileiano, che si applica solo alla meccanica di Newton, va sostituito da un principio più generale che è stato formulato da Einstein, e che si può enunciare nel modo seguente:

i) la velocità dei segnali elettromagnetici nel vuoto è la stessa (in modulo) in tutti i sistemi inerziali;

ii) le leggi della fisica sono le stesse in tutti i sistemi inerziali.

È importante sottolineare che tale principio si applica a tutti i fenomeni (e non solo a quelli meccanici), e che l'invarianza della velocità della luce riguarda *il modulo*, ma non la direzione di propagazione. Tale direzione – come vedremo nel Capitolo 4, e come già discusso a proposito dell'aberrazione – può infatti cambiare nel passaggio da un sistema di riferimento ad un altro.

Infine, ricordando che le trasformazioni di Galilei tra i sistemi inerziali sono una diretta conseguenza del principio di relatività Galileiano, dobbiamo aspettarci che il principio di relatività di Einstein fornisca delle leggi di trasformazione diverse da quelle di Galilei. Queste nuove trasformazioni sono le cosiddette "trasformazioni di Lorentz", e nella prossima sezione presenteremo un semplice esempio che illustra come tali trasformazioni possono essere ottenute applicando il principio di Einstein.

1.3.1 Un semplice esempio di trasformazione di Lorentz

Consideriamo due sistemi di riferimento inerziali S e S', caratterizzati rispettivamente dai sistemi di coordinate $(\mathbf{x}, t)$ e $(\mathbf{x}', t')$, e supponiamo che il sistema S' si muova rispetto a S con velocità $v = $ costante lungo la direzione positiva dell'asse x. Supponiamo inoltre che ci sia un istante in cui le origini dei due sistemi di coordinate coincidono e che, a quell'istante, gli orologi dei due sistemi segnino $t = 0$ e $t' = 0$. Questo significa, in altri termini, che nella trasformazione di coordinate $\mathbf{x}' = \mathbf{x}'(\mathbf{x}, t)$, $t' = t'(\mathbf{x}, t)$, la condizione $\mathbf{x} = 0$, $t = 0$ deve implicare

$$\mathbf{x}'(0) = 0, \qquad t'(0) = 0. \tag{1.24}$$

Supponiamo infine che, sempre all'istante $t = 0$, $t' = 0$, gli assi cartesiani dei due sistemi siano parelleli e concordi. Se lo spazio vuoto è omogeneo e isotropo, come assumiamo, gli assi saranno paralleli e concordi anche in tutti gli altri istanti del moto: il moto avverrà lungo la direzione comune degli assi x e x' coincidenti, e i piani ortogonali $y = 0$ e $z = 0$ del sistema S resteranno coincidenti con i piani $y' = 0$ e $z' = 0$ del sistema S' (si veda la Fig. 1.4).

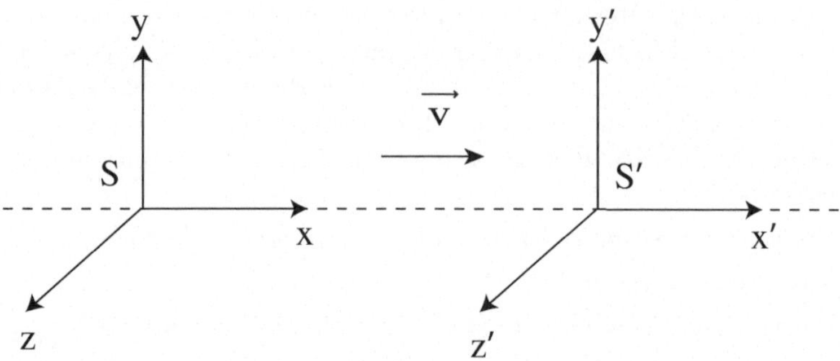

Figura 1.4. Moto relativo di due sistemi inerziali in configurazione standard, con assi cartesiani paralleli e concordi, lungo la direzione individuata dagli assi x e x' coincidenti

Useremo spesso, in seguito, coppie di sistemi inerziali che si trovano in questa situazione, e li chiameremo sistemi di riferimento in configurazione "standard".

Notiamo innanzitutto che la trasformazione cercata tra i due sistemi di coordinate deve essere lineare, affinchè il moto inerziale di un corpo, descritto da una traiettoria rettilinea e uniforme in un sistema, rimanga tale anche nell'altro sistema[1]. Possiamo quindi scrivere la trasformazione nella forma seguente,

$$\begin{aligned}
x' &= a_{11}x + a_{12}y + a_{13}z + a_{14}t\,, \\
y' &= a_{21}x + a_{22}y + a_{23}z + a_{24}t\,, \\
z' &= a_{31}x + a_{32}y + a_{33}z + a_{34}t\,, \\
t' &= a_{41}x + a_{42}y + a_{43}z + a_{44}t\,,
\end{aligned} \tag{1.25}$$

dove $a_{11}, \ldots a_{44}$ sono 16 coefficienti costanti che possono dipendere, in generale, dalla velocità relativa dei due sistemi (e che in seguito arrangeremo in modo da formare una matrice 4×4). L'assenza di un ulteriore termine costante, che in generale potrebbe essere aggiunto al membro destro delle equazioni di trasformazione precedenti, è dovuta alla scelta delle condizioni iniziali (1.24).

Consideriamo le equazioni di trasformazione delle varie coordinate, cominciando da quella per x'. Poichè gli assi x e x' sono coincidenti con la direzione del moto, x' può dipendere solo da x e da t, per cui $a_{12} = a_{13} = 0$ e

---

[1] Le trasformazioni più generali che preservano le rette sono le cosiddette *trasformazioni conformi*, che però non sono compatibili, in generale, con l'ipotesi di omogeneità dello spazio e del tempo (che invece vogliamo mantenere per evitare che i risultati di un esperimento dipendano dal luogo e dal momento in cui viene effettuato). Le trasformazioni lineari sono particolari trasformazioni conformi in cui il denominatore della trasformazione si riduce a una costante.

$$x' = a_{11}x + a_{14}t. \tag{1.26}$$

Inoltre, l'origine di S' (ossia il punto $x' = 0$) si muove rispetto a S lungo una traiettoria che – con le condizioni iniziali (1.24) – è descritta dall'equazione $x = vt$. Ponendo $x' = 0$ nell'Eq. (1.26) si ritrova la traiettoria dell'origine, $x = vt$, purchè $-a_{14}/a_{11} = v$. L'equazione di trasformazione per x' si riduce quindi a

$$x' = a_{11}\left(x - vt\right). \tag{1.27}$$

Consideriamo poi la coordinata y', e sfruttiamo la coincidenza del piano $\{x, z\}$ (descritto dall'equazione $y = 0$) con il piano $\{x', z'\}$ (descritto dall'equazione $y' = 0$). In virtù di questa coincidenza la condizione $y = 0$ deve implicare $y' = 0$, a qualunque istante e per qualunque valore delle altre coordinate. Ne consegue che $a_{21} = a_{23} = a_{24} = 0$, e dunque che

$$y' = a_{22}\, y. \tag{1.28}$$

Supponiamo ora di invertire simultaneamente gli assi x e z del sistema S e gli assi x' e z' del sistema S'. Questa operazione produce una configurazione cinematica identica a quella della Fig. 1.4, tranne per il fatto che i due sistemi si sono scambiati di ruolo: infatti, S' si muove rispetto a S con velocità $-v$ rispetto ai nuovi assi x e x', e quindi S si muove rispetto a S' con velocità v lungo la direzione positiva dei nuovi assi x e x' coincidenti.

Per il principio di relatività, d'altra parte, le leggi di trasformazione tra coppie di sistemi di riferimento in configurazione standard e con la stessa velocità relativa devono essere le stesse, qualunque siano i sistemi considerati. Se assumiamo che lo spazio vuoto sia isotropo tali trasformazioni non devono dipendere neanche dalla particolare direzione del moto relativo. Ne consegue che la trasformazione cercata deve coincidere con quella che si ottiene effettuando la precedente inversione di assi e scambiando tra loro le coordinate dei due sistemi S e S', ossia effettuando la sostituzione

$$x \leftrightarrow -x', \qquad y \leftrightarrow y', \qquad z \leftrightarrow -z', \qquad t \leftrightarrow t'. \tag{1.29}$$

Tale sostituzione, applicata all'Eq. (1.28), fornisce $y = a_{22}y'$ e quindi, usando ancora la (1.28), $y = a_{22}^2 y$, da cui $a_{22} = \pm 1$. Poichè abbiamo assunto che gli assi dei due sistemi siano paralleli e concordi dobbiamo escludere trasformazioni che contengano rotazioni e/o riflessioni spaziali degli assi di S' rispetto a quelli di S, imponendo che per $v \to 0$ si ritrovi in modo continuo la trasformazione identica. Questo fissa $a_{22} = 1$.

Ripetendo gli stessi argomenti per l'altra direzione trasversale (l'asse z') il risultato è lo stesso, ed arriviamo così alle relazioni:

$$y' = y, \qquad\qquad z' = z. \tag{1.30}$$

Possiamo concludere che le coordinate lungo le direzioni trasversali al moto restano invariate, esattamente come nel caso delle trasformazioni di Galileo (e per le stesse ragioni).

Per ottenere le nuove trasformazioni tra le altre coordinate dobbiamo ora ricorrere in modo esplicito al principio di relatività di Einstein, e in particolare all'invarianza (in modulo) della velocità della luce.

Consideriamo un raggio luminoso che nel sistema S si propaga con velocità c lungo la direzione spaziale individuata dal versore $\hat{\mathbf{n}}$ (con $|\hat{\mathbf{n}}|^2 = 1$). La traiettoria del raggio soddisfa l'equazione differenziale $d\mathbf{x} = c\hat{\mathbf{n}}dt$, che si può anche esprimere (elevando al quadrato) come una condizione di intervallo spazio-temporale nullo, ossia:

$$ds^2 \equiv |d\mathbf{x}|^2 - c^2 dt^2 = 0. \tag{1.31}$$

Nel sistema S' lo stesso raggio si propaga con velocità c lungo la direzione spaziale individuata dal versore $\hat{\mathbf{n}}'$ (con $|\hat{\mathbf{n}}'|^2 = 1$), e la sua traiettoria soddisfa l'equazione differenziale $d\mathbf{x}' = c\hat{\mathbf{n}}'dt'$, che fornisce la condizione

$$ds'^2 \equiv |d\mathbf{x}'|^2 - c^2 dt'^2 = 0. \tag{1.32}$$

Se nel sistema S si ha $ds^2 = 0$, nel sistema S' si deve dunque avere $ds'^2 = 0$. Ne consegue che ds'^2 e ds^2 devono essere direttamente proporzionali, poichè sono quantità infinitesime dello stesso ordine (forme quadratiche nei differenziali delle coordinate, collegate tra loro da una trasformazione lineare). Possiamo porre perciò

$$ds'^2 = K ds^2, \tag{1.33}$$

dove K è una funzione che può dipendere, in generale, dalla velocità relativa dei due sistemi.

La legge di trasformazione cercata, d'altra parte, non deve dipendere nè dalla scelta dei due sistemi inerziali in configurazione standard (per il principio di relatività) nè dalla particolare direzione spaziale della loro velocità relativa (per l'isotropia dello spazio vuoto). Ripetendo gli argomenti già svolti a proposito dell'asse y, ed effettuando la sostituzione (1.29), troviamo dunque che, se vale l'Eq. (1.33), deve anche valere la condizione reciproca $ds^2 = K ds'^2$. Usando l'Eq. (1.33) per ds'^2 otteniamo allora $K = \pm 1$. Scegliendo la soluzione $K = 1$ (affinchè la trasformazione cercata si riduca a quella identica per $v = 0$) arriviamo infine alla condizione di invarianza degli intervalli spazio-temporali infinitesimi,

$$ds^2 = ds'^2, \tag{1.34}$$

che – come vedremo nei prossimi capitoli – sta alla base della teoria della relatività ristretta.

Per gli scopi di questo capitolo ci basterà osservare che, per una trasformazione di coordinate lineare, i differenziali e le differenze finite delle coordinate soddisfano le stesse equazioni di trasformazione. Perciò, se vale l'Eq. (1.34), deve anche valere la relazione seguente:

$$|\mathbf{x}|^2 - c^2 t^2 = |\mathbf{x}'|^2 - c^2 t'^2. \tag{1.35}$$

Sostituendo in questa condizione le trasformazioni (1.27) per x' e (1.30) per y' e z' troviamo che la dipendenza dalle coordinate trasversali scompare, e dunque che t' può dipendere solo da x e t, con una legge di trasformazione che si riduce a

$$t' = a_{41}x + a_{44}t. \tag{1.36}$$

Inseriamo quest'ultima relazione nell'Eq. (1.35), ed eguagliamo tra loro i coefficienti dei termini in x^2, t^2 e xt. Otteniamo così un sistema di tre equazioni nelle tre incognite a_{11}, a_{41}, a_{44},

$$a_{11}^2 - c^2 a_{41}^2 = 1,$$
$$c^2 a_{44}^2 - v^2 a_{11}^2 = c^2,$$
$$v a_{11}^2 + c^2 a_{41} a_{44} = 0, \tag{1.37}$$

la cui soluzione esatta è data da:

$$a_{11} = a_{44} = \frac{1}{\pm\sqrt{1 - v^2/c^2}},$$
$$a_{41} = -\frac{v}{c^2}\frac{1}{\pm\sqrt{1 - v^2/c^2}}. \tag{1.38}$$

Per la radice quadrata va preso il segno positivo, affichè la trasformazione si riduca a quella identica nel limite $v \to 0$. Sostituendo questo risultato nelle equazioni (1.27) e (1.36) arriviamo infine alla trasformazione di Lorentz che collega i due riferimenti inerziali della Fig. 1.4:

$$x' = \gamma(x - vt), \qquad y' = y, \qquad z' = z,$$
$$t' = \gamma\left(t - \frac{vx}{c^2}\right), \tag{1.39}$$

dove

$$\gamma = \frac{1}{\sqrt{1 - v^2/c^2}} \tag{1.40}$$

è il cosiddetto "fattore di Lorentz". La trasformazione inversa, ottenuta risolvendo le equazioni precedenti per x, y, z, t, coincide – ovviamente – con quella che si ottiene scambiando v in $-v$ e le coordinate di S con quelle di S',

$$x = \gamma(x' + vt'), \qquad y = y', \qquad z = z',$$
$$t = \gamma\left(t' + \frac{vx'}{c^2}\right). \tag{1.41}$$

La trasformazione di Lorentz (1.39) è una diretta conseguenza del principio di relatività di Einstein, e si riduce a quella di Galilei nel limite $v \ll c$. Sviluppando le equazioni (1.39) in questo limite, e tenendo solo i termini del primo ordine in v/c, otteniamo infatti

$$x' = x - vt, \qquad y = y', \qquad z = z', \qquad t' = t, \tag{1.42}$$

che rappresenta la trasformazione di Galilei per due sistemi inerziali che si trovano nella configurazione standard di Fig. 1.4.

Forma iperbolica delle trasformazioni di Lorentz

Può essere utile, per le successive applicazioni, introdurre la forma iperbolica della trasformazione (1.39), che si ottiene ponendo

$$\beta = \frac{v}{c}, \qquad \gamma = \cosh\phi, \qquad \beta\gamma = \sinh\phi, \qquad (1.43)$$

dove ϕ è un parametro reale, e γ è il fattore di Lorentz definito dall'Eq. (1.40). La legge di trasformazione per le coordinate x e ct,

$$x' = \gamma\left(x - \beta ct\right), \qquad ct' = \left(-\beta x + ct\right), \qquad (1.44)$$

si può allora riscrivere (in forma matriciale compatta) come segue:

$$\begin{pmatrix} x' \\ ct' \end{pmatrix} = \begin{pmatrix} \cosh\phi & -\sinh\phi \\ -\sinh\phi & \cosh\phi \end{pmatrix} = \begin{pmatrix} x \\ ct \end{pmatrix}. \qquad (1.45)$$

Ricordando che $\cosh\phi = \cos i\phi$, e che $-\sinh\phi = i\sin i\phi$, tale trasformazione può anche essere vista, formalmente, come una rotazione di un angolo immaginario $i\phi$ nel piano complesso parametrizzato dalle coordinate (x, ict). Per questo motivo è usuale riferirsi alle trasformazioni del tipo (1.39) anche col nome di "rotazioni di Lorentz", lasciando sottinteso che tali rotazioni coinvolgono un asse spaziale reale e un asse temporale immaginario.

Il gruppo di Lorentz ristretto

Per ricavare la trasformazione di Lorentz presentata nel capitolo precedente abbiamo considerato, per semplicità, due sistemi inerziali che si trovano in una configurazione molto simmetrica: i loro assi cartesiani sono paralleli e concordi, e il moto relativo avviene lungo uno degli assi. La trasformazione trovata si riferisce dunque a un caso molto particolare, ed è lecito chiedersi cosa succede in una situazione più generale.

Ad esempio: qual è la trasformazione tra le coordinate di S e S' se i loro assi sono paralleli, le loro origini sono coincidenti al tempo $t = t' = 0$, ma la velocità $\mathbf{v}$ di S' rispetto a S è orientata lungo una direzione arbitraria?

Per rispondere a questa domanda è conveniente scomporre il vettore posizione $\mathbf{x} = (x, y, z)$ nelle sue componenti parallele e perpendicolari al moto, ponendo $\mathbf{x} = \mathbf{x}_{||} + \mathbf{x}_{\perp}$ (e lo stesso per $\mathbf{x}'$). La componente parallelela è data dalla proiezione

$$\mathbf{x}_{||} = \left(\frac{\mathbf{x} \cdot \mathbf{v}}{v} \right) \frac{\mathbf{v}}{v}, \tag{2.1}$$

dove $v = |\mathbf{v}|$. Ripetendo gli argomenti (e sfruttando i risultati) della Sez. 1.3.1 si trova allora che le coordinate perpendicolari al moto restano invariate,

$$\mathbf{x}'_{\perp} = \mathbf{x}_{\perp}, \tag{2.2}$$

mentre lungo la direzione del moto vale la stessa legge di trasformazione ottenuta in precedenza lungo l'asse $x = x'$, ossia (si veda l'Eq. (1.39)):

$$\mathbf{x}'_{||} = \gamma \left(\mathbf{x}_{||} - \mathbf{v}t \right). \tag{2.3}$$

Per la coordinata temporale, infine, vale sempre l'Eq. (1.39) che però si scrive, in generale,

$$t' = \gamma \left(t - \frac{\mathbf{v} \cdot \mathbf{x}}{c^2} \right). \tag{2.4}$$

Sommando le due equazioni (2.2), (2.3), ed usando l'Eq. (2.1) per $\mathbf{x}_{||}$, arriviamo così alla seguente legge di trasformazione:

$$\mathbf{x}' = \mathbf{x}'_{\parallel} + \mathbf{x}'_{\perp} = (\gamma - 1)\,\mathbf{x}_{\parallel} + \mathbf{x}_{\parallel} + \mathbf{x}_{\perp} - \gamma \mathbf{v} t$$

$$= \mathbf{x} + \left[(\gamma - 1)\,\frac{\mathbf{x} \cdot \mathbf{v}}{v^2} - \gamma t \right] \mathbf{v}. \qquad (2.5)$$

Questa trasformazione delle coordinate spaziali, unitamente alla trasformazione temporale (2.4), rappresenta la più generale forma di *boost*, ossia di trasformazione di Lorentz tra le coordinate di due sistemi inerziali con assi paralleli e concordi, origini coincidenti all'istante iniziale, e velocità relativa arbitraria.

Per $\mathbf{v}$ parallelo all'asse x si ritrova esattamente la trasformazione (1.39) precedente. Per velocità piccole rispetto a c, sviluppando γ e fermandoci al primo ordine in v/c, abbiamo $\gamma = 1$, e ritroviamo dunque la trasformazione di Galilei $\mathbf{x}' = \mathbf{x} - \mathbf{v} t$.

Il *boost* non è la più generale trasformazione di coordinate tra sistemi inerziali, perchè potremmo considerare sistemi che non hanno gli assi paralleli, e neanche le origini coincidenti ad un dato istante. In quel caso dovremmo inserire nella trasformazione delle appropriate rotazioni e traslazioni spaziali per poterci ricondurre alla configurazione precedente, e applicarne i risultati. A questo punto, però, è più conveniente cercare una caratterizzazione generale delle trasformazioni tra sistemi inerziali che sia in accordo col principio di reltività Einsteiniano, e che non faccia riferimento alle particolari configurazioni geometriche dei sistemi considerati.

A questo scopo è opportuno esprimere le trasformazioni di coordinate in forma matriciale, cosa che faremo nella sezione seguente.

2.1 Formalismo matriciale e metrica di Minkowski

Per fornire una definizione generale delle trasformazioni di Lorentz possiamo notare, innanzitutto, che la trasformazione lineare e omogenea del capitolo precedente si può scrivere in forma matriciale introducendo dei vettori-colonna a quattro componenti, costruiti con le coordinate spaziali e temporali dei due riferimenti inerziali:

$$x^{\mu} = \begin{pmatrix} x \\ y \\ z \\ ct \end{pmatrix}, \qquad x'^{\mu} = \begin{pmatrix} x' \\ y' \\ z' \\ ct' \end{pmatrix}. \qquad (2.6)$$

La coordinate temporale è moltiplicata per l'invariante c, per rendere le componenti del vettore dimensionalmente omogenee. Ponendo $\beta = v/c$, ed usando la definizione (1.40) del fattore di Lorentz γ, la trasformazione (1.39) si può riscrivere come segue:

$$\begin{pmatrix} x' \\ y' \\ z' \\ ct' \end{pmatrix} = \begin{pmatrix} \gamma & 0 & 0 & -\beta\gamma \\ 0 & 1 & 0 & 0 \\ 0 & 0 & 1 & 0 \\ -\beta\gamma & 0 & 0 & \gamma \end{pmatrix} \begin{pmatrix} x \\ y \\ z \\ ct \end{pmatrix}, \tag{2.7}$$

o anche, in forma compatta,

$$x'^{\mu} = \sum_{\nu=1}^{4} \Lambda^{\mu}{}_{\nu} x^{\nu}, \tag{2.8}$$

dove $\Lambda^{\mu}{}_{\nu}$ sono le componenti della matrice 4×4 che appare nell'Eq. (2.7). In particolare, il primo indice (μ) indica la riga, il secondo (ν) la colonna, e il simbolo di sommatoria riproduce la regola di prodotto matriciale righe per colonne.

È opportuno sottolineare che d'ora in avanti – e a meno che non sia esplicitamente indicato il contrario – adotteremo sempre la cosiddetta "convenzione della sommatoria", secondo la quale due indici ripetuti (anche non consecutivi) in posizioni verticali opposte (uno alto e uno basso) si intendono sommati, anche se il simbolo $\sum$ non compare esplicitamente. Con questa convenzione l'Eq. (2.8) assume la semplice forma

$$x'^{\mu} = \Lambda^{\mu}{}_{\nu} x^{\nu}. \tag{2.9}$$

L'indice μ (che non è sommato) viene detto indice libero, mentre gli indici ν (che sono sommati) vengono detti indici "contratti", o anche indici "muti". Notiamo che gli indici sommati vanno indicati con una lettera che può essere arbitrariamente cambiata all'interno di una coppia, purchè sia sempre la stessa per entrambi i membri della coppia, e sempre diversa dalle lettere usate per gli altri indici, liberi o muti, eventualmente presenti. Questo ci permette di scrivere, ad esempio,

$$x'^{\mu} = \Lambda^{\mu}{}_{\nu} x^{\nu} \equiv \Lambda^{\mu}{}_{\alpha} x^{\alpha}. \tag{2.10}$$

Notiamo anche che il nome e la posizione "verticale" di ciascuno degli indici liberi, eventualmente presenti nel membro sinistro di un'uguaglianza, deve trovare esatta corrispondenza nel nome e nella posizione degli indici liberi presenti nel membro destro. Ricordiamo infine la convenzione usuale secondo la quale gli indici rappresentati da lettere greche sono indici spazio-temporali che variano da 1 a 4, mentre gli indici rappresentati da lettere latine sono indici riferiti alle dimensioni spaziali, e variano da 1 a 3:

$$\mu, \nu, \alpha, \beta \ldots = 1, 2, 3, 4;$$
$$i, j, a, b, \ldots = 1, 2, 3. \tag{2.11}$$

Consideriamo ora una generica trasformazione di coordinate che assuma la forma lineare e omogenea dell'Eq. (2.9), e *non* facciamo ipotesi riguardo all'orientazione degli assi e alla velocità relativa dei due sistemi (mantenendo però la condizione di origini coincidenti all'istante $t = t' = 0$, necessaria per scrivere la trasformazione in forma omogenea[1]). Chiediamoci quali condizioni deve soddisfare la matrice Λ per rappresentare una trasformazione che sia in accordo con i postulati relativistici di Einstein (enunciati nella Sez. 1.3).

A tal scopo osserviamo che per una trasformazione lineare coordinate e i differenziali delle coordinate si trasformano allo stesso modo. Differenziando l'Eq.(2.9) abbiamo infatti

$$dx'^{\mu} = \Lambda^{\mu}{}_{\nu}dx^{\nu}, \tag{2.12}$$

perchè le componenti della matrice Λ sono costanti. Ricordiamo inoltre che il principio di relatività Einsteiniano implica l'invarianza dell'intervallo spazio-temporale infinitesimo,

$$ds^2 = |d\mathbf{x}|^2 - c^2 dt^2 \tag{2.13}$$

(si veda l'Eq. (1.34)). Tale intervallo, d'altra parte, si può esprimere direttamente in funzione della forma differenziale a quattro componenti $dx^{\mu} = (d\mathbf{x}, cdt)$ introducendo la matrice diagonale $\eta_{\mu\nu}$ tale che:

$$\eta_{\mu\nu} = \begin{pmatrix} 1 & 0 & 0 & 0 \\ 0 & 1 & 0 & 0 \\ 0 & 0 & 1 & 0 \\ 0 & 0 & 0 & -1 \end{pmatrix}. \tag{2.14}$$

Usando tale matrice, detta "metrica di Minkowski", abbiamo infatti

$$ds^2 = \sum_{\mu,\nu=1}^{4} \eta_{\mu\nu}dx^{\mu}dx^{\nu} = \eta_{\mu\nu}dx^{\mu}dx^{\nu} \tag{2.15}$$

(nell'ultimo passaggio abbiamo applicato la convenzione della sommatoria). Si noti che il segno degli autovalori di η è dettato dal segno con cui intervalli spaziali e temporali entrano nella definizione di ds^2 (se ci fossero solo intervalli spaziali η si ridurrebbe alla matrice identità).

Definiamo dunque una trasformazione di Lorentz come una trasformazione di coordinate lineare e omogenea che lascia invariata la forma quadratica (2.15), e usiamo per dx'^{μ} la rappresentazione (2.12). La condizione $ds'^2 = ds^2$ fornisce allora la relazione

$$\begin{aligned} ds'^2 &= \eta_{\mu\nu}dx'^{\mu}dx'^{\nu} = \eta_{\mu\nu}\Lambda^{\mu}{}_{\alpha}\Lambda^{\nu}{}_{\beta}\,dx^{\alpha}dx^{\beta} = \\ &= ds^2 = \eta_{\alpha\beta}dx^{\alpha}dx^{\beta}, \end{aligned} \tag{2.16}$$

che implica

$$\eta_{\mu\nu}\Lambda^{\mu}{}_{\alpha}\Lambda^{\nu}{}_{\beta} = \eta_{\alpha\beta}. \tag{2.17}$$

---

[1] La generalizzazione al caso non omogeneo, che porta alle cosiddette *trasformazioni di Poincarè*, verrà introdotta nella Sez. 2.3.1.

Questa è l'equazione che caratterizza in maniera generale, e in funzione della metrica di Minkowski, una trasformazione di Lorentz tra le coordinate di due sistemi inerziali.

Introducendo la matrice trasposta Λ^T, e scambiando le righe con le colonne nella prima delle due matrici Λ, l'equazione precedente si può anche riscrivere come segue:

$$(\Lambda^T)_\alpha{}^\mu \, \eta_{\mu\nu} \, \Lambda^\nu{}_\beta = \eta_{\alpha\beta}. \tag{2.18}$$

In questa forma, in cui il secondo indice di ogni matrice è contratto (ossia sommato) con il primo indice della matrice successiva, possiamo riconoscere la definizione di prodotto matriciale (righe per colonne) tra le matrici del membro sinistro. Ne consegue che la condizione di Lorentz (2.17) si può anche esprimere nella seguente forma compatta

$$\Lambda^T \eta \Lambda = \eta, \tag{2.19}$$

dove gli indici delle componenti sono sottintesi, e il prodotto viene effettuato con le regole matriciali.

2.2 Il gruppo pseudo-ortogonale $O(3,1)$

Le trasformazioni di coordinate rappresentate dalle matrici Λ che soddisfano la condizione (2.19) – o, equivalentemente, la (2.17) – formano un gruppo di trasformazioni chiamato "gruppo di Lorentz". È facile verificare, infatti, che tali trasformazioni soddisfano le proprietà gruppali richieste.

Innanzitutto, il prodotto di due trasformazioni di Lorentz Λ_1 e Λ_2 è ancora una trasformazione di Lorentz, poichè

$$(\Lambda_1\Lambda_2)^T \eta \Lambda_1 \Lambda_2 = \Lambda_2^T \left(\Lambda_1^T \eta \Lambda_1\right) \Lambda_2 = \Lambda_2^T \eta \Lambda_2 = \eta. \tag{2.20}$$

Inoltre, la composizione di tre o più trasformazioni soddisfa la proprietà associativa,

$$(\Lambda_1\Lambda_2)\Lambda_3 = \Lambda_1(\Lambda_2\Lambda_3), \tag{2.21}$$

perchè il prodotto matriciale la soddisfa. Esiste poi l'elemento neutro, che è rappresentato dalla matrice identità $I = I^T$, che fa parte del gruppo in quanto $I\eta I = \eta$. Infine, le trasformazioni sono invertibili perchè $\det \Lambda \neq 0$. Prendendo il determinante dell'Eq. (2.19) otteniamo infatti

$$\det\left(\Lambda^T \eta \Lambda\right) = \det \Lambda^T \det \Lambda \det \eta = (\det \Lambda)^2 \det \eta$$
$$= \det \eta, \tag{2.22}$$

da cui

$$\det \Lambda = \pm 1. \tag{2.23}$$

Esiste quindi la trasformazione inversa Λ^{-1}, tale che $\Lambda^{-1}\Lambda = I = \Lambda\Lambda^{-1}$. Moltiplicando l'Eq. (2.19) da sinistra per $\left(\Lambda^T\right)^{-1}$ e da destra per Λ^{-1} otteniamo:

$$\eta = \left(\Lambda^T\right)^{-1}\eta\Lambda^{-1}. \tag{2.24}$$

Ma $\left(\Lambda^T\right)^{-1} = \left(\Lambda^{-1}\right)^T$, e quindi questa equazione ci dice che anche la trasformazione inversa Λ^{-1} fa parte del gruppo.

Il gruppo di trasformazioni considerato è anche chiamato gruppo *pseudo-ortogonale* $O(3,1)$, per analogia con le trasformazioni del gruppo ortogonale $O(4)$, rappresentato dalle matrici R che soddisfano la condizione $R^T IR = I$. In effetti, la condizione di gruppo (2.19) differisce da quella del gruppo ortogonale solo per il fatto che la matrice identità I viene sostituita dalla metrica di Minkowski η, la quale, anzichè avere tutti gli autovalori dello stesso segno, ne ha tre di un segno e uno di segno opposto.

Le trasformazioni del gruppo ortogonale, se applicate alle coordinate di un sistema di riferimento cartesiano, rappresentano rotazioni in uno spazio Euclideo in cui l'elemento infinitesimo di distanza al quadrato è dato dalla somma dei quadrati degli spostamenti infinitesimi lungo le varie direzioni $(ds^2 = dx_1^2 + dx_2^2 + \cdots)$. Il fatto che le coordinate spaziali *e il tempo* dei vari sistemi inerziali siano collegati tra loro da trasformazioni pseudo-ortogonali suggerisce dunque che le coordinate spaziali e temporali parametrizzino una varietà a 4 dimensioni dotata di una struttura geometrica *pseudo-euclidea*: il cosiddetto *spazio-tempo di Minkowski* $\mathcal{M}_4$. Tale varietà è caratterizzata da un intervallo infinitesimo invariante (detto anche "elemento di linea") ds^2, in cui il quadrato degli spostamenti spaziali entra col segno positivo, mentre il quadrato degli spostamenti temporali entra col segno negativo (si vedano le equazioni (2.13)–(2.15)).

L condizione di gruppo (2.19) ci permette di ricavare alcune proprietà che caratterizzano le matrici Λ, e che saranno utili in seguito. Una prima proprietà, che riguarda il determinante, è già stata ricavata nell'Eq. (2.23). Una seconda proprietà riguarda la relazione tra matrice trasposta e matrice inversa. Osservando che $\eta^T = \eta$, e moltiplicando l'Eq. (2.19) da destra per Λ^{-1}, otteniamo:

$$\eta\Lambda^{-1} = \Lambda^T\eta = (\eta\Lambda)^T. \tag{2.25}$$

Questa relazione ha utili applicazioni nel contesto del calcolo tensoriale che verrà introdotto nel Capitolo 3. Infine, una terza proprietà riguarda il segno della componente $\Lambda^4{}_4$ delle matrici di Lorentz.

Prendiamo la componente $\alpha = 4$, $\beta = 4$ dell'Eq. (2.17), scomponiamo la somma sugli indici μ e ν in parte spaziale e parte temporale, e sfruttiamo il fatto che $\eta_{ij} = \delta_{ij}$, $\eta_{44} = -1$. Otteniamo:

$$\eta_{44} = -1 = \eta_{\mu\nu}\Lambda^\mu{}_4\Lambda^\nu{}_4 = \delta_{ij}\Lambda^i{}_4\Lambda^j{}_4 - \left(\Lambda^4{}_4\right)^2$$

$$= \sum_{i=1}^{3} \left(\Lambda^{i}{}_{4}\right)^{2} - \left(\Lambda^{4}{}_{4}\right)^{2}, \qquad (2.26)$$

da cui

$$\left(\Lambda^{4}{}_{4}\right)^{2} = 1 + \sum_{i=1}^{3} \left(\Lambda^{i}{}_{4}\right)^{2} \geq 1, \qquad (2.27)$$

che implica

$$\Lambda^{4}{}_{4} \geq 1 \qquad \text{oppure} \qquad \Lambda^{4}{}_{4} \leq -1. \qquad (2.28)$$

Le trasformazioni del gruppo di Lorentz possono essere dunque classificate a seconda del segno del determinante e a seconda del segno di $\Lambda^{4}{}_{4}$. Notiamo, a questo proposito, che le trasformazioni che hanno determinate negativo sono quelle che includono riflessioni (ossia inversioni) degli assi spaziali, mentre le trasformazioni con $\Lambda^{4}{}_{4}$ negativo includono inversioni temporali.

Le trasformazioni con $\det \Lambda = +1$ formano il cosiddetto sottogruppo di Lorentz *proprio*, chiamato $SO(3,1)$. Le trasformazioni con $\Lambda^{4}{}_{4} \geq 1$ sono dette *ortocrone*, e il sottogruppo formato dalle trasformazioni di tipo proprio e ortocrono, ossia dalle trasformazioni Λ tale che

$$\Lambda^{T} \eta \Lambda = \eta, \qquad \det \Lambda = 1, \qquad \Lambda^{4}{}_{4} \geq 1, \qquad (2.29)$$

rappresenta il cosiddetto gruppo di Lorentz *ristretto*. Le trasformazioni di questo gruppo sono connesse in modo continuo alla trasformazione identica. D'ora in avanti, e a meno che non sia esplicitamente affermato il contrario, sarà implicitamente assunto che le trasformazioni di Lorentz considerate appartengono al gruppo ristretto.

2.3 Scomposizione del gruppo ristretto in *boosts* e rotazioni

Le matrici 4×4 che rappresentano le trasformazioni d Lorentz hanno in generale 16 componenti, ma sono soggette all'equazioni matriciale (2.17) che è simetrica in α e β, e che impone quindi 10 condizioni indipendenti. Restano $16 - 10 = 6$ componenti indipendenti per le matrici Λ, che fanno del gruppo di Lorentz un gruppo a 6 parametri.

Tre di questi parametri sono angoli, che specificano l'orientazione spaziale relativa degli assi dei due sistemi di riferimento. Gli altri tre parametri sono associati invece alle componenti vettoriali della velocità relativa dei sue sistemi, e specificano la direzione e il verso del moto, nonchè il modulo della velocità di spostamento.

Il gruppo di Lorentz ristretto, in particolare, contiene come sottogruppo il gruppo delle rotazioni proprie $SO(3)$, ossia il gruppo di trasformazioni rappresentato da matrici Λ_{R} del tipo

$$(\Lambda_R)^i{}_j = R^i{}_j, \qquad (\Lambda_R)^i{}_4 = 0 = (\Lambda_R)^4{}_j, \qquad (\Lambda_R)^4{}_4 = 1, \qquad (2.30)$$

dove $R^i{}_j$ è una matrice 3×3 ortogonale propria:

$$R^T = R^{-1}, \qquad \det R = 1. \qquad (2.31)$$

Le trasformazioni di tipo (2.30), che non coinvolgono le coordinate temporali, non descrivono un moto relativo dei due sistemi ma semplicemente ruotano gli assi di S' rispetto a quelli di S.

Se una trasformazione del gruppo ristretto non contiene rotazioni, invece, gli assi dei due sistemi restano paralleli, e la corrispondente matrice Λ_B rappresenta un *boost*, ossia una trasformazione che descrive lo spostamento di S' rispetto a S con velocità costante lungo una particolare direzione spaziale. Esempi di *boosts* sono già stati fatti nell'Eq. (2.7) (per il moto lungo l'asse x) e nelle equazioni (2.4), (2.5) (per il moto lungo una direzione arbitraria).

I *boosts* mescolano le coordinate spaziali con quella temporale e – come già sottolineato alla fine del Capitolo 1 – possono essere interpretati come "rotazioni spazio-temporali" di tipo iperbolico. Un generico *boost* con parametri v_i, $i = 1, 2, 3$, espresso in forma vettoriale dalle equazioni (2.4), (2.5), è rappresentato dalla matrice Λ_B tale che

$$(\Lambda_B)^i{}_j = \delta^i{}_j + (\gamma - 1)\,\frac{v^i v_j}{v^2},$$

$$(\Lambda_B)^i{}_4 = -\gamma\,\frac{v^i}{c}, \qquad (\Lambda_B)^4{}_j = -\gamma\,\frac{v_j}{c}, \qquad (\Lambda_B)^4{}_4 = \gamma.$$

$$(2.32)$$

Usando il formalismo matriciale, e calcolando le quattro componenti dell'equazione di trasformazione $x'^\mu = (\Lambda_B)^\mu{}_\nu x^\nu$ (con x^μ e x'^μ definiti dall'Eq. (2.6)), ritroviamo infatti esattamente il risultato delle equazioni (2.4), (2.5).

Una generica trasformazione Λ del gruppo di Lorentz ristretto si può sempre esprimere come il prodotto di un opportuno *boost*, Λ_B, e di un'opportuna rotazione, Λ_R.

Per verificarlo, consideriamo una trasformazione di Lorentz ristretta rappresentata dalla generica matrice

$$\Lambda = \begin{pmatrix} \Lambda^i{}_j & \Lambda^i{}_4 \\ \Lambda^4{}_j & \Lambda^4{}_4 \end{pmatrix} . \qquad (2.33)$$

Stiamo usando una notazione compatta in cui $\Lambda^i{}_j$ indica la parte spaziale 3×3 della matrice, $\Lambda^i{}_4$ indica le prime tre componenti (dall'alto) dell'ultima colonna, e $\Lambda^4{}_j$ indica le prime tre componenti (da sinistra) dell'ultima riga.

Se Λ è una pura rotazione, allora $\Lambda^4{}_4 = 1$, $\Lambda^i{}_4 = 0 = \Lambda^4{}_j$ (si veda l'Eq. (2.30)), e la scomposizione diventa triviale. Se invece Λ contiene un *boost*, allora, in accordo all'Eq. (2.32), c'è un contributo che rende $\Lambda^i{}_4 \neq 0$ e $\Lambda^4{}_4 > 1$, generato dai parametri di *boost*

$$\beta^i \equiv \frac{v^i}{c} = -\frac{\Lambda^i{}_4}{\Lambda^4{}_4}, \qquad\qquad \gamma = \Lambda^4{}_4. \tag{2.34}$$

Consideriamo quindi la matrice di puro *boost* Λ_B con parametri β^i e γ definiti dall'equazione precedente, invertiamola, e moltiplichiamola da destra per Λ. Per un *boost*, la trasformazione inversa (che scambia tra loro i sistemi S e S') si ottiene sostituendo $\mathbf{v}$ con $-\mathbf{v}$, ossia ponendo $\Lambda_B^{-1}(\beta^i) = \Lambda_B(-\beta^i)$. Otteniamo così la matrice

$$M \equiv \Lambda_B^{-1}\Lambda = \begin{pmatrix} B^i{}_j & \gamma\beta^i \\ \gamma\beta_j & \gamma \end{pmatrix} \begin{pmatrix} \Lambda^j{}_k & \Lambda^j{}_4 \\ \Lambda^4{}_k & \Lambda^4{}_4 \end{pmatrix}, \tag{2.35}$$

dove $B^i{}_j$ è la parte spaziale della matrice Λ_B, data dalla prima riga dell'Eq. (2.32).

Osserviamo ora che la matrice M così definita rappresenta una rotazione propria Λ_R. Infatti, M è una matrice del gruppo di Lorentz ristretto, in quanto prodotto di matrici di quel gruppo. Inoltre, usando la definizione (2.34), troviamo che

$$M^4{}_4 = \gamma\beta_j\Lambda^j{}_4 + \gamma\Lambda^4{}_4 = -\beta^2\gamma^2 + \gamma^2 = 1, \tag{2.36}$$

e anche che

$$\begin{aligned} M^i{}_4 &= B^i{}_j\Lambda^j{}_4 + \gamma\beta^i\Lambda^4{}_4 \\ &= -\left[\delta^i_j + (\gamma-1)\frac{\beta^i\beta_j}{\beta^2}\right]\gamma\beta^j + \gamma^2\beta^i \\ &= -\gamma\beta^i - (\gamma^2-\gamma)\beta^i + \gamma^2\beta^i \equiv 0. \end{aligned} \tag{2.37}$$

Analogamente, $M^4{}_i = 0$.

In accordo alla definizione (2.30) possiamo quindi porre $M = \Lambda_R$ nell'Eq. (2.35). Risolvendo per Λ arriviamo infine alla fattorizzazione cercata,

$$\Lambda = \Lambda_B\Lambda_R, \tag{2.38}$$

dove Λ_B è il puro *boost* con i parametri dati dall'Eq. (2.34), mentre Λ_R è la pura rotazione definita nell'Eq. (2.35).

2.3.1 Trasformazioni di Poincarè

Concludiamo il capitolo osservando che la più generale trasformazione di coordinate tra sistemi inerziali che sia compatibile con il principio di relatività di Einstein, e che abbandoni l'ipotesi di origini coincidenti all'istante iniziale, si ottiene combinando una trasformazione di Lorentz con una traslazione rigida delle coordinate spaziali e del tempo, ossia con una trasformazione del tipo:

$$x' = x + a_1, \qquad y' = y + a_2, \qquad z' = z + a_3, \qquad ct' = ct + a_4, \tag{2.39}$$

dove $a_1, \ldots, a_4$ sono quattro parametri costanti.

Arriviamo così a una trasformazione lineare ma *non omogenea* che, chiamando a^μ il vettore colonna a quattro componenti costruito con le costanti $a_1, \ldots, a_4$, si può scrivere in forma matriciale compatta come segue:

$$x'^\mu = \Lambda^\mu{}_\nu x^\nu + a^\mu \tag{2.40}$$

(la matrice $\Lambda^\mu{}_\nu$ rappresenta una generica trasformazione del gruppo pseudo ortogonale $O(3,1)$). Le trasformazioni di questo tipo formano un gruppo, chiamato "gruppo di Poincarè", e sono caratterizzate da 10 parametri (i sei parametri della trasformazione di Lorentz più i quattro parametri della traslazione).

Poichè a^μ è costante, l'equazione di trasformazione (2.12) per i differenziali delle coordinate resta valida, e l'intervallo spazio-temporale (2.15) rimane invariante. Le trasformazioni di Poincarè rappresentano, in effetti, le più generali trasformazioni di coordinate che lasciano inalterata la forma dell'elemento di linea ds^2 costruito con la metrica di Minkoswki,

$$ds^2 = \eta_{\mu\nu} dx^\mu dx^\nu = |d\mathbf{x}|^2 - c^2 dt^2. \tag{2.41}$$

In altri termini, rappresentano il cosiddetto gruppo massimo di "isometrie" dello spazio-tempo di Minkowski. L'invarianza per trasformazioni di Poincarè costituisce dunque una simmetria di tipo fondamentale per tutti i modelli fisici (di tipo classico o quantistico) formulati in uno spazio-tempo Minkowskiano.

3

Calcolo tensoriale nello spazio-tempo di Minkowski

Il principio di relatività Einsteiniano, che assicura l'equivalenza fisica di tutti i sistemi inerziali sia dal punto di vista meccanico che da quello elettromagnetico, ci porta a sostituire le trasformazioni di Galilei con quelle di Lorentz.

Le trasformazioni di Lorentz, d'altra parte, preservano la forma delle equazioni di Maxwell (come è facile verificare, e come vedremo in particolare nel Capitolo 5), ma non preservano le equazioni della meccanica Newtoniana (che sono invece compatibili con il principio di relatività Galileiano, come sottolineato nel Capitolo 1). Si rende dunque necessaria un'opportuna revisione e generalizzazione dei concetti e delle equazioni che stanno alla base della cinematica e della dinamica Newtoniana, al fine di rendere anche la meccanica compatibile con le trasformazioni di Lorentz e con il principio di relatività di Einstein.

Per effettuare tale generalizzazione è estremamente conveniente utilizzare il formalismo tensoriale che introdurremo in questo Capitolo, e che si basa su oggetti definiti *non* sullo spazio Euclideo tridimensionale R^3, bensì sulla varietà a quattro dimensioni $\mathcal{M}_4$ che abbiamo chiamato "spazio-tempo di Minkowski" (si veda la Sez. 2.2).

Lo spazio-tempo di Minkowski differisce dallo spazio Euclideo ordinario non solo per la presenza di una dimensione "in più", parametrizzata dalla coordinata temporale $x^4 = ct$, ma anche – e soprattutto – per il fatto che il quadrato degli spostamenti lungo tale direzione (ossia, il quadrato degli intervalli temporali) entra col segno opposto a quello degli intervalli spaziali nella definizione della distanza tra due punti di questa varietà (si veda ad esempio l'Eq. (2.41)).

Questo significa, in altri termini, che la metrica di questa varietà – ossia la metrica di Minkowski – ha una segnatura di tipo "pseudo-euclideo", e che il gruppo di trasformazioni che lascia invariate le distanze su questa varietà non è il gruppo ortogonale delle rotazioni, bensì il gruppo pseudo-ortogonale delle trasformazioni di Lorentz (si veda la Sez. 2.2).

Dovremo dunque introdurre un calcolo tensoriale ambientato sulla varietà pseudo-euclidea di Minkowski, e dovremo far riferimento al gruppo di Lorentz e alle sue rappresentazioni per classificare gli oggetti che compaiono nella formulazione di un modello fisico relativistico.

3.1 Tensori controvarianti

Per rappresentare in maniera esplicita l'azione di un gruppo di trasformazioni conviene introdurre la nozione di *oggetto geometrico*. Ci interessano, in particolare, le trasformazioni di coordinate $x^\mu \to x'^\mu(x)$ nello spazio-tempo di Minkowski. Un oggetto geometrico y, definito sulla varietà di Minkowski, è un oggetto rappresentato da un insieme di funzioni differenziabili $y_A(x)$, dette "componenti", che per un cambio di coordinate $x^\mu \to x'^\mu$ si trasformano come segue:

$$y_A(x) \to y'_A(x') = Y_A\left[y_A(x), x'(x)\right]. \tag{3.1}$$

Le nuove componenti $y'_A(x')$, calcolate nel nuovo sistema di coordinate x'^μ, dipendono in generale dalle vecchie componenti y_A e dalle vecchie coordinate x^μ tramite una funzione Y_A, la cui forma è unicamente prescritta per ogni tipo di oggetto dato. Se la relazione tra y'_A e y_A è lineare e omogenea allora le componenti formano la base per una rappresentazione del gruppo di trasformazioni considerato.

Il più semplice oggetto geometrico è lo *scalare* ϕ, caratterizzato dalla trasformazione triviale

$$\phi'(x') = \phi(x). \tag{3.2}$$

Gli oggetti che godono di questa proprietà di trasformazione sono anche detti "invarianti" (un esempio di invariante, già incontrato, è l'elemento di linea ds^2 dello spazio di Minkowski. Un altro è la costante c che misura la velocità della luce nel vuoto).

In questo contesto, definiamo *quadrivettore controvariante* un oggetto geometrico con 4 componenti, $A^\mu = (A^i, A^4)$, che si trasforma come il differenziale delle coordinate, dx^μ. Per una generica trasformazione $x^\mu \to x'^\mu(x)$ il differenziale delle nuove coordinate è dato dalla regola di derivazione parziale

$$dx'^\mu = \frac{\partial x'^\mu}{\partial x^\nu} dx^\nu, \tag{3.3}$$

dove $\partial x'^\mu/\partial x^\nu$ è la cosiddetta "matrice Jacobiana" della trasformazione. Nel caso che ci interessa le trasformazioni sono quelle di Lorentz, e la matrice Jacobiana corrisponde alla matrice di Lorentz $\Lambda^\mu{}_\nu$ (si veda l'Eq. (2.12)). Un quadrivettore controvariante A^μ è dunque un oggetto che, sottoposto a una trasformazione di Lorentz, si trasforma nel modo seguente:

$$A'^{\mu}(x') = \Lambda^{\mu}{}_{\nu}A^{\nu}(x). \tag{3.4}$$

In modo analogo definiamo *tensore controvariante* di *rango* 2 un oggetto geometrico con $4 \times 4 = 16$ componenti, $T^{\mu\nu}$, che si trasforma come il prodotto di due quadrivettori. Rispetto a una generica trasformazione di Lorentz, rappresentata dalla matrice Λ, avremo dunque per $T^{\mu\nu}$ la legge di trasformazione

$$T'^{\mu\nu}(x') = \Lambda^{\mu}{}_{\alpha}\Lambda^{\nu}{}_{\beta}T^{\alpha\beta}(x). \tag{3.5}$$

Tale definizione si estende facilmente a tensori di rango superiore. Ad esempio, un tensore controvariante di *rango* 3 è un oggetto geometrico $T^{\mu\nu\rho}$ che ha $4 \times 4 \times 4 = 64$ componenti, e che si trasforma come il prodotto di tre quadrivettori covarianti:

$$T'^{\mu\nu\rho}(x') = \Lambda^{\mu}{}_{\alpha}\Lambda^{\nu}{}_{\beta}\Lambda^{\rho}{}_{\gamma}T^{\alpha\beta\gamma}(x). \tag{3.6}$$

E così via. In generale, un tensore di rango r possiede 4^r componenti. Possiamo interpretare, in questo contesto, il quadrivettore come un tensore di rango $r = 1$, e lo scalare come un tensore di rango $r = 0$.

È opportuno notare che le regole di trasformazione date possono essere ovviamente invertite, sfruttando le proprietà di gruppo delle trasformazioni di Lorentz (si veda la Sez. 2.2). È possibile, cioè, esprimere le vecchie componenti tensoriali (riferite al sistema di coordinate x^{μ}) in funzione delle nuove componenti (riferite al sistema di coordinate x'^{μ}) facendo uso della matrice di Lorentz inversa. Consideriamo, ad esempio, la trasformazione vettoriale (3.4) che si scrive, in forma matriciale compatta, $A' = \Lambda A$. Moltiplicando da sinistra per Λ^{-1} otteniamo $A = \Lambda^{-1}A'$, ossia, in forma esplicita tensoriale,

$$A^{\mu}(x) = (\Lambda^{-1})^{\mu}{}_{\nu}A'^{\nu}(x'). \tag{3.7}$$

E così via per tensori di rango superiore.

Notiamo infine che, con le convenzioni adottate in questo libro, gli indici tensoriali di tipo controvariante verrano sempre posizionati *in alto*. È importante fare attenzione alla posizione *verticale* degli indici, perchè tale posizione determina in modo cruciale le proprietà di trasformazione dell'oggetto, distinguendo la rappresentazione tensoriale *controvariante* (definita in questa sezione) da quella *covariante* (che sarà introdotta nella sezione successiva).

3.2 Tensori covarianti e prodotto scalare

Gli oggetti tensoriali, oltre alla rappresentazione controvariante, ammettono anche una rappresentazione di tipo "duale", detta *covariante*, basata sulla matrice Jacobiana inversa. Entrambe i tipi di rappresentazione sono necessari per costruire oggetti scalari, che si comportano come invarianti rispetto al gruppo di trasformazione considerato.

Definiamo *quadrivettore covariante* un oggetto geometrico a 4 componenti, $A_\mu = (A_i, A_4)$ – si noti che per convenzione poniamo l'indice in basso – che si trasforma come l'operatore diffferenziale gradiente, $\partial/\partial x^\mu$. Per una generica trasformazione di coordinate, $x^\mu \to x'^\mu(x)$, il gradiente fatto rispetto alle nuove coordinate x' è dato dalla ben nota regola di derivazione parziale

$$\frac{\partial}{\partial x'^\mu} = \frac{\partial x^\nu}{\partial x'^\mu} \frac{\partial}{\partial x^\nu}, \tag{3.8}$$

dove $\partial x^\nu / \partial x'^\mu$ è la matrice Jacobiana inversa della trasformazione considerata. Nel nostro caso le trasformazioni sono quelle di Lorentz, e la matrice Jacobiana inversa è data da

$$\frac{\partial x^\nu}{\partial x'^\mu} = (\Lambda^{-1})^\nu{}_\mu. \tag{3.9}$$

Il quadrivettore covariante A^μ è dunque un oggetto che per una generica trasformazione di Lorentz si trasforma nel modo seguente:

$$A'_\mu(x') = (\Lambda^{-1})^\nu{}_\mu A_\nu(x). \tag{3.10}$$

È immediato allora verificare che il prodotto scalare tra due quadrivettori A e B, definito come la contrazione tra gli indici covarianti dell'uno e quelli controvarianti dell'altro, $A_\mu B^\mu$, è un oggetto scalare, invariante per trasformazioni di Lorentz. Infatti

$$A'_\mu B'^\mu = (\Lambda^{-1})^\alpha{}_\mu A_\alpha \Lambda^\mu{}_\beta B^\beta = \delta^\alpha_\beta A_\alpha B^\beta = A_\alpha B^\alpha, \tag{3.11}$$

dove abbiamo usato la definizione di matrice inversa, $\Lambda^{-1}\Lambda = I$, ossia:

$$(\Lambda^{-1})^\alpha{}_\mu \Lambda^\mu{}_\beta = \delta^\alpha_\beta. \tag{3.12}$$

Lo stesso risultato si ottiene, ovviamente, se consideriamo l'espressione $A^\mu B_\mu$, invertendo le rappresentazioni dei due vettori.

Come nel caso controvariante, anche per il vettore covariante esiste la trasformazione inversa, che fornisce le componenti $A(x)$ del sistema di riferimento S in funzione delle componenti $A'(x')$ del sistema S'. Moltiplicando l'Eq. (3.10) da sinistra per Λ otteniamo infatti

$$A_\mu(x) = \Lambda^\nu{}_\mu A'_\nu(x'). \tag{3.13}$$

Inoltre, come nel caso controvariante, la definizione (3.10) di vettore covariante può essere facilmente estesa a tensori di rango superiore a uno. In generale, un tensore covariante di rango r è un oggetto con 4^r componenti che si trasforma come il prodotto di r vettori covarianti. Per $r = 2$, ad esempio, abbiamo il tensore covariante $T_{\mu\nu}$ che si trasforma come segue:

$$T'_{\mu\nu}(x') = (\Lambda^{-1})^\alpha{}_\mu (\Lambda^{-1})^\beta{}_\nu T_{\alpha\beta}(x). \tag{3.14}$$

Per $r = 3$ abbiamo il tensore $T_{\mu\nu\rho}$, tale che:

$$T'_{\mu\nu\rho}(x') = (\Lambda^{-1})^\alpha{}_\mu (\Lambda^{-1})^\beta{}_\nu (\Lambda^{-1})^\gamma{}_\rho T_{\alpha\beta\gamma}(x). \qquad (3.15)$$

E così via.

È importante notare che i tensori di rango superiore a uno possono trasformarsi in parte come oggetti covarianti e in parte come oggetti controvarianti. In questo caso vengono chiamati tensori "misti", e sono caratterizzati da indici situati in posizioni verticali diverse. Ad esempio, un tensore misto di rango due, che si trasforma in modo controvariante rispetto al primo indice e in modo covariante rispetto al secondo, è un oggetto geometrico con 16 componenti che rappresentiamo come $T^\mu{}_\nu$, e che si trasforma come segue:

$$T'^\mu{}_\nu(x') = \Lambda^\mu{}_\alpha (\Lambda^{-1})^\beta{}_\nu T^\alpha{}_\beta(x). \qquad (3.16)$$

3.2.1 Interpretazione geometrica

È possibile illustrare la differenza tra le componenti tensoriali covarianti e controvarianti facendo ricorso a una semplice (e intuitiva) rappresentazione geometrica. A tale scopo, in questa sottosezione (e solo in questa) indicheremo con lettere in grassetto i quadrivettori definiti sullo spazio-tempo di Minkowski $\mathcal{M}_4$, e con il punto il loro prodotto scalare.

Introduciamo su $\mathcal{M}_4$ quattro vettori di base $\mathbf{e}_\mu$, $\mu = 1, 2, 3, 4$, definiti in modo da essere "ortonormali" rispetto alla metrica di Minkowski $\eta_{\mu\nu}$. Ossia, definiti in modo tale che il loro prodotto scalare soddisfi alla condizione:

$$\mathbf{e}_\mu \cdot \mathbf{e}_\nu = \eta_{\mu\nu}. \qquad (3.17)$$

Tale condizione differisce dall'usuale relazione di ortonormalità dello spazio Euclideo, $\mathbf{e}_\mu \cdot \mathbf{e}_\nu = \delta_{\mu\nu}$, per il fatto che il quarto versore $\mathbf{e}_4$ ha modulo quadro $\eta_{44} = -1$ anzichè $+1$ come gli altri.

Definita la base, qualunque vettore $\mathbf{A}$ di $\mathcal{M}_4$ può essere rappresentato da un'opportuna combinazione lineare dei quattro vettori $\mathbf{e}_\mu$ come segue:

$$\mathbf{A} = A^\mu \mathbf{e}_\mu. \qquad (3.18)$$

I coefficienti di questa combinazione lineare corrispondono alle componenti controvarianti del vettore $\mathbf{A}$ rispetto alla base data (ossia alle componenti che, in uno spazio Euclideo, riproducono il vettore se sommate mediante la cosiddetta "regola del parallelogramma"). Le componenti covarianti, invece, corrispondono alle proiezioni scalari del vettore $\mathbf{A}$ lungo le direzioni individuate dai vettori di base:

$$A_\mu = \mathbf{A} \cdot \mathbf{e}_\mu. \qquad (3.19)$$

La differenza tra i due tipi di componenti viene illustrata in Fig. 3.1, nel semplice caso del piano Euclideo R^2, introducendo su R^2 un generico sistema di

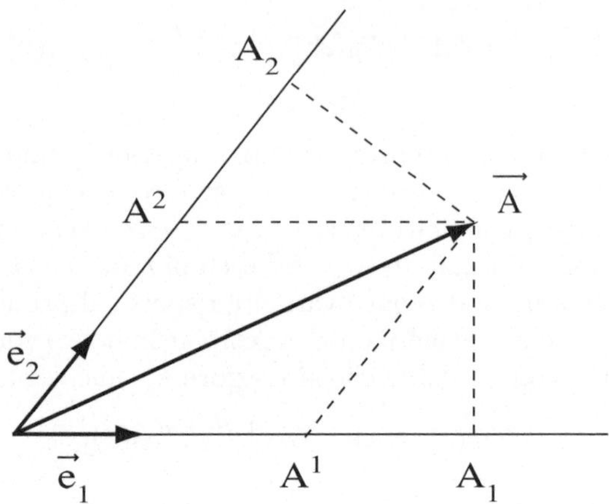

Figura 3.1. Componenti covarianti e controvarianti del vettore **A** rispetto ai vettori di base $\{\mathbf{e}_1, \mathbf{e}_2\}$. Le componenti controvarianti, A^1 e A^2, sono quelle che riproducono il vettore se sommate vettorialmente, in accordo all'Eq. (3.18). Le componenti covarianti, A_1 e A_2, sono le proiezioni ortogonali del vettore lungo le direzioni degli assi, in accordo all'Eq. (3.19)

coordinate "curvilinee" individuato dai vettori di base $\{\mathbf{e}_1, \mathbf{e}_2\}$ non ortogonali tra loro.

Come appare chiaramente dalla Fig. 3.1, componenti covarianti e controvarianti coincidono solo nel caso particolare di assi ortogonali. Possono coincidere, dunque, solo se lo spazio è Euclideo e se i vettori di base scelti soddisfano all'ordinaria condizione di ortonormalità. Nello spazio-tempo pseudo-euclideo $\mathcal{M}_4$, invece, l'ortonormalità è controllata dalla metrica di Minkowski, e la combinazione delle equazioni (3.17)–(3.19) ci porta alle seguenti relazioni tra componenti covarianti e controvarianti:

$$A_\mu = \mathbf{e}_\mu \cdot \mathbf{A} = \mathbf{e}_\mu \cdot \mathbf{e}_\nu A^\nu = \eta_{\mu\nu} A^\nu. \tag{3.20}$$

Questo implica (con le nostre convenzioni) che per i tensori definiti sullo spazio-tempo di Minkowski le componenti covarianti e controvarianti coincidono solo se corrispondono a indici di tipo *spaziale* $(i, j = 1, 2, 3)$, dato che

$$A_i = \eta_{ij} A^j = \delta_{ij} A^j, \tag{3.21}$$

ossia

$$A_1 = A^1, \qquad A_2 = A^2, \qquad A_3 = A^3. \tag{3.22}$$

Per indici di tipo *temporale*, invece, c'è un importante cambio di segno determinato dalla metrica di Minkowski:

$$A_4 = \eta_{44} A^4 = -A^4. \tag{3.23}$$

Questo cambio di segno, in particolare, si ripercuote in maniera cruciale sul calcolo dei prodotti scalari. Infatti, dati due quadrivettori

$$A^\mu = (A^i, A^4), \qquad\qquad B^\mu = (B^i, B^4), \qquad\qquad (3.24)$$

il loro prodotto scalare (definito come in Eq. (3.11)) fornisce

$$
\begin{aligned}
A_\mu B^\mu \equiv A^\mu B_\mu \equiv \eta_{\mu\nu} A^\mu B^\nu &= A_i B^i + A_4 B^4 \\
&\equiv \mathbf{A} \cdot \mathbf{B} - A^4 B^4 \\
&\equiv \mathbf{A} \cdot \mathbf{B} - A_4 B_4.
\end{aligned}
\qquad (3.25)
$$

Non c'è più la somma del prodotto delle componenti, come per i vettori dello spazio Euclideo, bensì la somma del prodotto delle componenti spaziali *meno* il prodotto delle componenti temporali. Abbiamo già incontrato un esempio esplicito di questo effetto nel calcolo dell'intervallo spazio-temporale ds^2 (si veda ad esempio l'Eq. (2.41)). Tale intervallo può essere appunto interpretato come il prodotto scalare dello spostamento infinitesimo dx^μ per se stesso,

$$ds^2 = \eta_{\mu\nu} dx^\mu dx^\nu \equiv dx_\mu dx^\mu. \qquad (3.26)$$

3.2.2 Proprietà del tensore metrico

È opportuno ricapitolare, a questo punto, le principali proprietà della metrica di Minkowski.

Possiamo notare, innanzitutto, che η è un tensore simmetrico nello scambio dei suoi due indici (ossia, $\eta_{\mu\nu} = \eta_{\nu\mu}$), ed è un tensore che rimane invariato per trasformazioni di Lorentz. Infatti, applicando le regole generali di trasformazione dei tensori covarianti, abbiamo

$$\eta'_{\mu\nu} = (\Lambda^{-1})^\alpha{}_\mu (\Lambda^{-1})^\beta{}_\nu \, \eta_{\alpha\beta}. \qquad (3.27)$$

Le matrici Λ, d'altra parte, devono soddisfare la condizione (2.17) che definisce le trasformazioni di Lorentz. Eliminando $\eta_{\alpha\beta}$ mediante tale condizione, ed usando le proprietà della matrice inversa Λ^{-1}, otteniamo allora

$$
\begin{aligned}
\eta'_{\mu\nu} &= (\Lambda^{-1})^\alpha{}_\mu (\Lambda^{-1})^\beta{}_\nu \, \eta_{\rho\sigma} \Lambda^\rho{}_\alpha \Lambda^\sigma{}_\beta \\
&= \eta_{\rho\sigma} \delta^\rho_\mu \delta^\sigma_\nu = \eta_{\mu\nu},
\end{aligned}
\qquad (3.28)
$$

che stabilisce appunto l'invarianza della metrica di Minkowski.

Abbiamo visto inoltre che la metrica η_μ, applicata alle componenti controvarianti di un oggetto tensoriale, permette di passare alle corrispondenti componenti covarianti (si veda l'Eq. (3.20)). Si usa dire – in modo poco elegante ma efficace – che la metrica $\eta_{\mu\nu}$ "abbassa gli indici" su cui agisce.

Allo stesso modo la metrica controvariante $\eta^{\mu\nu}$ esegue l'operazione inversa, ossia fa passare dalle componenti covarianti a quelle controvarianti (in altri termini, "alza gli indici" su cui agisce). Per verificarlo consideriamo il prodotto scalare (3.25): sfruttando le proprietà degli indici sommati possiamo scrivere

$$\eta_{\mu\nu} A^\mu B^\nu \equiv \eta^{\mu\nu} A_\mu B_\nu = A_\mu B^\mu = \mathbf{A} \cdot \mathbf{B} - A_4 B_4, \tag{3.29}$$

da cui

$$B^\mu = \eta^{\mu\nu} B_\nu, \tag{3.30}$$

dove abbiamo definito la metrica controvariante come il tensore $\eta^{\mu\nu}$ con componenti

$$\eta^{ij} = \delta^{ij}, \qquad \eta^{44} = -1. \tag{3.31}$$

Ne consegue, in particolare, che per la metrica le componenti miste $\eta_\mu{}^\nu$ coincidono con le componenti della matrice identità δ^ν_μ. Infatti, operando con $\eta_{\mu\nu}$ per abbassare un indice di $\eta^{\mu\nu}$, abbiamo

$$\eta_\mu{}^\nu = \eta_{\mu\alpha} \eta^{\nu\alpha}, \tag{3.32}$$

da cui

$$\begin{aligned}
\eta_i{}^j &= \eta_{i\alpha} \eta^{j\alpha} = \delta_{ik} \delta^{jk} = \delta^j_i, \\
\eta_4{}^4 &= \eta_{4\alpha} \eta^{4\alpha} = \eta_{44} \eta^{44} = 1, \\
\eta_i{}^4 &= \eta_{i\alpha} \eta^{4\alpha} = 0 = \eta_4{}^i,
\end{aligned} \tag{3.33}$$

vale a dire:

$$\eta_\mu{}^\nu \equiv \delta^\nu_\mu. \tag{3.34}$$

Ne consegue, inoltre, che le componenti controvarianti $\eta^{\mu\nu}$ possono essere interpretate come le componenti della matrice che rappresenta l'inverso del tensore covariante $\eta_{\mu\nu}$. La relazione

$$\eta_{\mu\alpha} \eta^{\nu\alpha} = \delta^\nu_\mu \tag{3.35}$$

corrisponde infatti all'equazione matriciale

$$\eta \, \eta^{-1} = I, \tag{3.36}$$

dove abbiamo indicato con η la metrica di Minkowski in forma covariante.

È importante notare che le proprietà del tensore metrico

- di alzare ed abbassare gli indici,
- di ridursi all'identità nella rappresentazione tensoriale mista,
- di avere l'inverso nella rappresentazione tensoriale duale,

non sono peculiari della metrica di Minkowski, ma continuano a valere anche per metriche e strutture geometriche più generali (ad esempio, per uno spazio-tempo curvo descritto da una metrica di Riemann).

Notiamo infine che sfruttando tali proprietà è possibile ottenere una relazione tra le componenti di Λ^{-1} e Λ^T che ci consente di esprimere le regole di trasformazione tensoriale senza fare esplicito riferimento alla matrice di Lorentz inversa.

Partiamo dalla relazione tra Λ^{-1} e Λ^T ottenuta nella Sez. 2.2, e rappresentata, in forma matriciale, dall'Eq. (2.25):

$$\eta\Lambda^{-1} = (\eta\Lambda)^T. \tag{3.37}$$

Teniamo conto che η rappresenta la metrica in forma covariante, e ricordiamo che il prodotto matriciale contrae il secondo indice della matrice di sinistra con il primo indice della matrice di destra. Possiamo allora concludere che l'azione della metrica sulle matrici Λ^{-1} e Λ è quello di abbassare il loro primo indice, fornendo la seguente relazione tra le componenti:

$$(\Lambda^{-1})_{\alpha\beta} = (\Lambda^T)_{\alpha\beta} = \Lambda_{\beta\alpha}. \tag{3.38}$$

Alziamo ora l'indice α, moltiplicando entrambi i membri per $\eta^{\mu\alpha}$. Otteniamo così:

$$(\Lambda^{-1})^{\mu}{}_{\beta} = \Lambda_{\beta}{}^{\mu}. \tag{3.39}$$

Ricordando infine le leggi di trasformazione dei tensori covarianti, (3.10), (3.14), etc., notiamo che tali trasformazioni possono essere riscritte sostituendo ovunque Λ^{-1} con Λ in accordo all'equazione precedente. Per un quadrivettore, ad esempio, abbiamo l'espressione

$$A'_{\mu} = (\Lambda^{-1})^{\nu}{}_{\mu}A_{\nu} \equiv \Lambda_{\mu}{}^{\nu}A_{\nu}. \tag{3.40}$$

Questa forma – alternativa ma equivalente – di scrivere le trasformazioni degli oggetti covarianti viene spesso adottata nella letteratura relativistica tradizionale. In questo testo, però, continueremo ad usare l'espressione che contiene esplicitamente Λ^{-1}, perchè in questo modo appare più chiaramente il ruolo giocato dalla matrice Jacobiana inversa, la cui presenza è necessaria per l'invarianza dei prodotti scalari.

3.3 Semplici regole di calcolo tensoriale

In questa sezione riportiamo senza dimostrazione alcuni semplici risultati che riguardano le proprietà degli oggetti tensoriali, e che sono utili per il calcolo tensoriale nello spazio-tempo di Minkowski. La dimostrazione di questi risultati segue immediatamente dalle definizioni e dalle corrispondenti leggi di trasformazione introdotte nelle sezioni precedenti.

1. Se un tensore (covariante, controvariante o misto) è nullo in un sistema di riferimento, allora è nullo in tutti i sistemi.

2. La combinazione lineare di tensori dello stesso tipo e stesso rango è ancora un tensore dello stesso tipo e stesso rango. Ad esempio, se A_μ e B_μ sono due quadrivettori covarianti, allora anche la combinazione $C_\mu = \alpha A_\mu + \beta B_\mu$ è un quadrivettore covariante.

3. Il prodotto diretto di due tensori di rango r_1 e r_2 è un tensore di rango $r = r_1 + r_2$. Ad esempio, dati due quadrivettori A_μ e B_μ, il loro prodotto

$$T_{\mu\nu} = A_\mu B_\nu \tag{3.41}$$

è un tensore di rango due. E così via.

4. La contrazione (o prodotto scalare) di una coppia di indici in un oggetto tensoriale di rango r porta a un tensore di rango $r - 2$. Ad esempio, dato il tensore $T_{\mu\nu\alpha}$ di rango 3, la contrazione $T_{\mu\nu}{}^\nu$ è un quadrivettore (con indice μ). Dato il tensore $T_{\mu\nu}$, la contrazione (o traccia) $T_\mu{}^\mu$ dei suoi due indici fornisce uno scalare. E così via.

5. Il gradiente di un tensore di rango r è un tensore di rango $r + 1$. Infatti, l'operatore gradiente

$$\partial_\mu \equiv \frac{\partial}{\partial x^\mu} = \left(\boldsymbol{\nabla}, \frac{1}{c}\frac{\partial}{\partial t} \right) \tag{3.42}$$

si trasforma come come un quadrivettore covariante (si veda l'Eq. (3.8)). Se ∂_μ viene applicato a un tensore $T_{\alpha\beta}...$ di rango r si costruisce dunque un oggetto geometrico $\partial_\mu T_{\alpha\beta}...$ con rango aumentato di un'unità, in accordo alla precedente regola N. **3**.

6. La divergenza di un tensore di rango r è un tensore di rango $r - 1$. La divergenza, infatti, è definita dalla contrazione dell'operatore gradiente con un indice tensoriale. Partendo da un tensore di rango r ed applicando l'operatore gradiente otteniamo un tensore di rango $r + 1$, in accordo alla precedente regola N. **5**. Effettuando poi la contrazione arriviamo ad un oggetto tensoriale di rango $r + 1 - 2 = r - 1$, in accordo alla precedente regola N. **4**. Se abbiamo un tensore $T^{\mu\nu}$ di rango due, ad esempio, la sua divergenza è il quadrivettore $\partial_\mu T^{\mu\nu}$.

È importante sottolineare che gli ultimi due risultati, N. **5** e N. **6**, si applicano ad oggetti tensoriali definiti rispetto alle trasformazioni di Lorentz (o, più in generale, rispetto a trasformazioni di coordinate lineari, caratterizzate da $\partial_\mu \Lambda = 0$). Non si applicano invece ad oggetti che si trasformano in modo tensoriale rispetto a generiche trasformazioni di coordinate: in quel caso è necessario introdurre un opportuno gradiente generalizzato, che si ottiene sostituendo le derivate parziali con le cosiddette "derivate covarianti" (che costituiscono un ingrediente essenziale del formalismo della relatività generale).

Ricordiamo infine che gli oggetti tensoriali di rango $r \geq 2$ possono essere classificati in base alle eventuali proprietà di simmetria (o antisimmetria) nello scambio dei loro indici.

Un tensore $T^{\mu\nu}$ di rango 2, ad esempio, si dice simmetrico se $T^{\mu\nu} = T^{\nu\mu}$, e antisimmetrico se $T^{\mu\nu} = -T^{\nu\mu}$. Per ogni coppia di indici (non importa se covarianti o controvarianti, purchè dello stesso tipo) possiamo definire la cosiddetta *parte simmetrica*, che indicheremo racchiudendo gli indici tra parentesi tonde:

$$T^{(\mu\nu)} = \frac{1}{2} \left(T^{\mu\nu} + T^{\nu\mu} \right), \tag{3.43}$$

e la cosiddetta *parte antisimmetrica*, che indicheremo racchiudendo gli indici tra parentesi quadre:

$$T^{[\mu\nu]} = \frac{1}{2} \left(T^{\mu\nu} - T^{\nu\mu} \right). \tag{3.44}$$

Ogni tensore di rango due si può allora scomporre come somma della sua parte simmetrica e antisimmetrica:

$$T^{\mu\nu} \equiv T^{(\mu\nu)} + T^{[\mu\nu]}. \tag{3.45}$$

Se il tensore è simmetrico, in particolare, avremo $T^{\mu\nu} = T^{(\mu\nu)}$, se invece è antisimmetrico avremo $T^{\mu\nu} = T^{[\mu\nu]}$.

Questa operazione di simmetria (e antisimmetria) si può facilmente estendere a un numero arbitrario di indici (dello stesso tipo). Per un tensore di rango 3, ad esempio, possiamo definire la parte *completamente simmetrica* sommando tutte le possibili permutazioni dei suoi indici, e dividendo per il numero di queste permutazioni:

$$T^{(\mu\nu\alpha)} = \frac{1}{3!} \left(T^{\mu\nu\alpha} + T^{\nu\alpha\mu} + T^{\alpha\mu\nu} + T^{\mu\alpha\nu} + T^{\nu\mu\alpha} + T^{\alpha\nu\mu} \right). \tag{3.46}$$

La parte *completamente antisimmetrica* si ottiene invece prendendo col segno $+$ le permutazioni pari, e col segno $-$ le permutazioni dispari, ossia:

$$T^{[\mu\nu\alpha]} = \frac{1}{3!} \left(T^{\mu\nu\alpha} + T^{\nu\alpha\mu} + T^{\alpha\mu\nu} - T^{\mu\alpha\nu} - T^{\nu\mu\alpha} - T^{\alpha\nu\mu} \right). \tag{3.47}$$

Se il tensore è completamente simmetrico allora esso coincide con la sua parte simmetrica, $T^{\mu\nu\alpha} = T^{(\mu\nu\alpha)}$, se invece è completamente antisimmetrico coincide con la sua parte antisimmetrica, $T^{\mu\nu\alpha} = T^{[\mu\nu\alpha]}$. E così via per tensori di rango più elevato e gruppi di indici in numero superiore.

È utile osservare, in vista di applicazioni future, che la contrazione di una coppia di indici simmetrici con una coppia di indici antisimmetrici è sempre identicamente nulla. Consideriamo infatti il tensore simmetrico $S_{\mu\nu} = S_{(\mu\nu)}$ e il tensore antisimmetrico $A_{\mu\nu} = A_{[\mu\nu]}$. Sfruttando le definizioni (3.43), (3.44) abbiamo:

$$S_{\mu\nu} A^{\mu\nu} = S_{(\mu\nu)} A^{[\mu\nu]} = \frac{1}{4} \left(S_{\mu\nu} + S_{\nu\mu} \right) \left(A^{\mu\nu} - A^{\nu\mu} \right)$$

$$= \frac{1}{4} \left(S_{\mu\nu} A^{\mu\nu} - S_{\mu\nu} A^{\nu\mu} + S_{\nu\mu} A^{\mu\nu} - S_{\nu\mu} A^{\nu\mu} \right) \equiv 0. \tag{3.48}$$

Il risultato è identicamente nullo perchè, rinominando in modo appropriato gli indici di somma, si trova che il terzo termine si può riscrivere come $S_{\mu\nu}A^{\nu\mu}$ (e si cancella quindi esattamente col secondo termine), mentre il quarto termine si può riscrivere come $-S_{\mu\nu}A^{\mu\nu}$ (e si cancella quindi esattamente col primo termine).

3.4 Quadrivettori di tipo tempo, spazio e luce

Concludiamo il capitolo osservando che, nello spazio-tempo di Minkowski, il modulo quadro di un quadrivettore – ossia, il prodotto scalare del quadrivettore per se stesso – non è una quantità definita positiva (come invece avviene per i vettori dello spazio Euclideo).

Infatti, dato un generico quadrivettore $A^\mu = (\mathbf{A}, A^4)$, il suo modulo quadro è calcolato mediante la metrica di Minkowski, ed è dato da

$$A_\mu A^\mu = \eta_{\mu\nu}A^\mu A^\nu = |\mathbf{A}|^2 - \left(A^4\right)^2. \tag{3.49}$$

Il quadrivettore è detto

- di *tipo tempo* se $A_\mu A^\mu < 0$ (la componente temporale è dominante),
- di *tipo spazio* se $A_\mu A^\mu > 0$ (le componenti spaziali sono dominanti),
- di *tipo luce* (oppure nullo) se $A_\mu A^\mu = 0$ (parte spaziale e temporale sono uguali in modulo).

Il modulo quadro è invariante per trasformazioni di Lorentz, per cui questa classificazione è indipendente dalla scelta del sistema di riferimento.

3.4.1 Il cono-luce relativistico

È istruttivo considerare un semplice esempio relativo al quadrivettore posizione $x^\mu = (\mathbf{x}, ct)$. Il suo modulo quadro

$$x_\mu x^\mu = |\mathbf{x}|^2 - c^2 t^2 \tag{3.50}$$

formisce la distanza (al quadrato) dei punti (detti *eventi*) dello spazio-tempo di Minkowski $\mathcal{M}_4$ dall'origine O del sistema di coordinate considerato. Per illustrare la differenza tra intervalli spazio-temporali con modulo quadro di segno diverso possiamo limitarci a una sezione bi-dimensionale di $\mathcal{M}_4$ rappresentata dal piano $\{x, ct\}$, e considerare su questo piano i punti P e Q situati in parti del piano opposte rispetto alla bisettrice $x = ct$ (si veda la Fig. 3.2).

Consideriamo innazitutto il punto P. Il suo quadrivettore posizione è di tipo tempo, perchè

$$\eta_{\mu\nu}x_P^\mu x_P^\nu = x_P^2 - c^2 t_P^2 < 0. \tag{3.51}$$

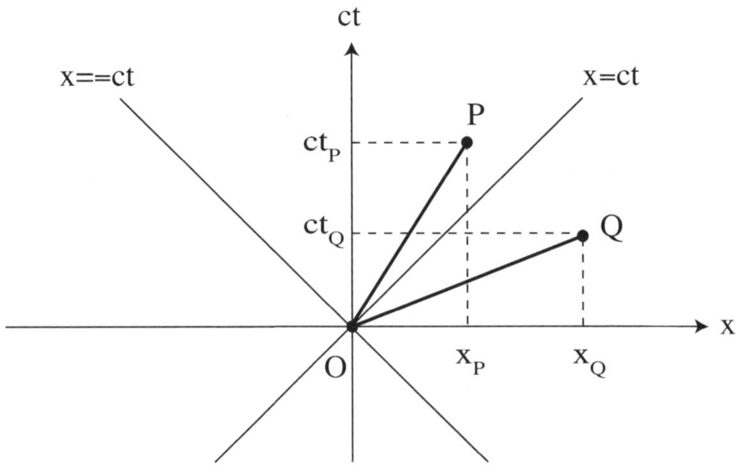

Figura 3.2. Nel piano di Minkowski $\{x, ct\}$ le bisettrici corrispondono alle traiettorie dei raggi di luce $x = \pm ct$. L'intervallo spazio-temporale $\overline{OP}$ è di tipo tempo, l'intervallo $\overline{OQ}$ è di tipo spazio

Più in generale, sono di tipo tempo i quadrivettori posizione di tutti i punti situati all'interno del cosiddetto "cono-luce", situati cioè nella regione di piano delimitata dalle bisettrici $x = \pm ct$, e definita dalle condizioni:

$$|x| < ct, \qquad |x| < -ct \qquad (3.52)$$

(la parola "cono" fa riferimento all'esistenza delle altre dimensioni spaziali y e z, che permettono di ruotare le bisettrici attorno all'asse ct descrivendo, appunto, due coni opposti con i vertici sull'origine). Per ciascuno dei punti interni al cono-luce è sempre possibile trovare un sistema di riferimento in cui la coordinata spaziale del punto dato coincide con l'origine spaziale $x' = 0$.

Prendiamo, ad esempio, il punto P. Effettuando un generico *boost* lungo l'asse x otteniamo un nuovo riferimento inerziale nel quale

$$x'_P = \gamma\left(x_P - vt_P\right), \qquad ct'_P = \gamma\left(ct_P - \frac{v}{c}x_P\right) \qquad (3.53)$$

(si veda l'Eq. (1.39)). Il sistema cercato, nel quale $x'_P = 0$, è dunque quello ottenuto effettuando un *boost* con velocità $v = x_P/t_P$. Si noti che questa velocità è inferiore a quella della luce perchè

$$\frac{v}{c} = \frac{x_P}{ct_P} < 1, \qquad (3.54)$$

come evidente dalla Fig. 3.2. Dati due eventi O e P, separati nel piano di Minkowski da un intervallo di tipo tempo, è dunque sempre possibile trovare un riferimento nel quale i due eventi sono *spazialmente coincidenti*, ossia sono caratterizzati dalla stessa coordinata spaziale (ma hanno diverse coordinate temporali, ovviamente).

Consideriamo ora il punto Q. Il suo quadrivettore posizione è di tipo spazio, perchè

$$\eta_{\mu\nu} x_Q^\mu x_Q^\nu = x_Q^2 - c^2 t_Q^2 > 0. \tag{3.55}$$

Più in generale, sono di tipo spazio i quadrivettori posizione di tutti i punti situati *all'esterno* del cono-luce, cioè nella regione di piano delimitata dalle condizioni

$$|ct| < x, \qquad |ct| < -x. \tag{3.56}$$

Per questi punti è sempre possibile trovare uni riferimento in cui la coordinata temporale del punto dato coincide con l'origine temporale $t' = 0$.

Prendiamo, ad esempio, il punto Q. Effettuando un generico *boost* lungo l'asse x otteniamo un nuovo riferimento inerziale nel quale

$$x_Q' = \gamma\left(x_Q - v t_Q\right), \qquad ct_Q' = \gamma\left(ct_Q - \frac{v}{c} x_Q\right) \tag{3.57}$$

(si veda l'Eq. (1.39)). Il sistema cercato, nel quale $t_Q' = 0$, è dunque quello corrispondente al *boost* effettuato con velocità $v = c^2 t_Q/x_Q$. Tale velocità è inferiore a quella della luce perchè

$$\frac{v}{c} = \frac{ct_Q}{x_Q} < 1, \tag{3.58}$$

come evidente dalla Fig. 3.2. Dati due eventi O e Q, separati da un intervallo di tipo spazio, è dunque sempre possibile trovare un riferimento nel quale i due eventi sono *simultanei*, ossia sono caratterizzati dalla stessa coordinata temporale (con diverse coordinate spaziali, ovviamente).

È importante notare che per rendere simultanei due eventi come O e P, separati da un intervallo di tipo tempo, sarebbe necessario effettuare un *boost* con velocità superluminare, $v/c = ct_P/x_P > 1$. Analogamente, per rendere spazialmente coincidenti due eventi come O e Q, separati da un intervallo di tipo spazio, sarebbe ancora necessario un *boost* superluminale, con velocità $v/c = x_Q/ct_Q > 1$.

Se assumiamo che la velocità della luce rappresenti un limite massimo per la velocità di propagazione dei segnali fisici possiamo concludere, allora, che eventi con separazione di tipo tempo (situati cioè all'interno dello stesso cono luce) possono interagire ed essere causalmente correlati; eventi con separazione di tipo spazio (posti all'esterno dei rispettivi coni luce) sono invece causalmente disconnessi (perlomeno da un punto di vista classico).

Notiamo infine che i punti che stanno *sul* cono-luce, ovvero lungo le bisettrici $x = \pm ct$, sono caratterizzati da un quadrivettore posizione di tipo luce (o nullo),

$$\eta_{\mu\nu}x^{\mu}x^{\nu} = x^2 - c^2 t^2. \tag{3.59}$$

Per questi punti è impossibile annullare separatamente la coordinata spaziale o quella temporale: bisognerebbe, in principio, annullarle entrambe. Questa operazione, però, richiederebbe un *boost* caratterizzato da $v = c$, cosa fisicamente impossibile in quanto caratterizzato da un fattore di Lorentz infinitamente elevato $\gamma \to \infty$ (e dunque associato a un'energia infinita, come vedremo nel Capitolo 6).

4

Cinematica relativistica

Dopo aver introdotto e brevemente illustrato il formalismo tensoriale associato al gruppo di Lorentz, in questo capitolo ci contrereremo sulle principali conseguenze cinematiche delle trasformazioni di Lorentz.

Mostreremo, in particolare, che il passaggio da un sistema di riferimento inerziale ad un altro produce interessanti effetti fisici. Alcuni (come la contrazione delle lunghezze e la dilatazione temporale) sono effetti completamente nuovi rispetto alle trasformazioni di Galilei, altri (come l'aberrazione e l'effetto Doppler) erano già previsti dalla cinematica Galileiana, ma in un contesto relativistico vengono modificati per essere compatibili con velocità arbitrariamente vicine a quelle della luce.

Introdurremo infine i quadrivettori (velocità, accelerazione, impulso, ...) necessari per rappresentare le equazioni del moto in forma esplicitamente covariante, e li useremo per studiare la più semplice situazione dinamica non triviale: il moto uniformemente accelerato di un corpo di prova relativistico.

4.1 Contrazione delle lunghezze

Nel Capitolo 1 abbiamo visto che le trasformazioni di Galilei lasciano invariate le lunghezze. Le trasformazioni di Lorentz, invece, prevedono che gli oggetti in moto subiscano una *contrazione* della loro lunghezza in direzione parallela a quella del moto.

Per fornire una semplice illustrazione di questo effetto consideriamo due sistemi di riferimento S e S' che si trovano nella configurazione standard di Fig. 1.4, e supponiamo di avere un oggetto rigido a riposo nel sistema S'. L'oggetto è unidimensionale e giace nel piano $\{x, y\}$. La sua lunghezza *propria* (ossia, la lunghezza misurata nel sistema di riferimento in cui l'oggetto è fermo) è pari a $L'_{\parallel}$ lungo l'asse x', e vale $L'_{\perp}$ lungo l'asse y' (si veda la Fig. 4.1).

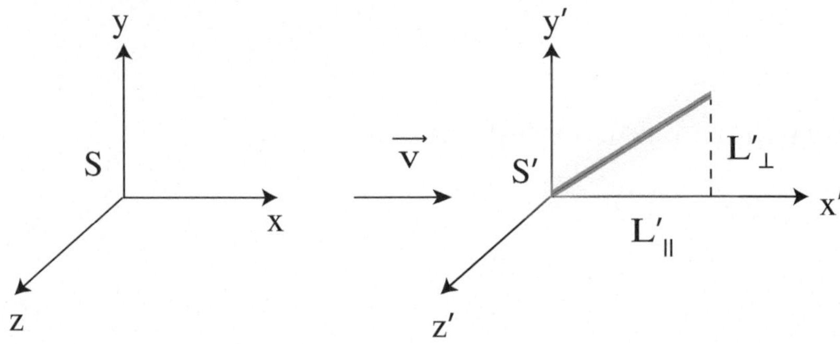

Figura 4.1. Oggetto a riposo nel sistema S', con lunghezza propria $L'_\parallel$ lungo la direzione del moto, e lunghezza $L'_\perp$ in direzione ortogonale al moto. L'oggetto si sposta con velocità **v** rispetto al sistema S

Ci chiediamo: quali sono le lunghezze dell'oggetto $L_\parallel$ e $L_\perp$ misurate da un osservatore solidale col sistema S, che vede l'oggetto muoversi con velocità v lungo l'asse x?

Per rispondere ricordiamo che la lunghezza lungo una direzione data si calcola facendo la differenza delle coordinate degli estremi dell'oggetto relative a quella direzione, misurate a tempi uguali. La relazione tra la differenza delle coordinate di S e quelle di S' si ottiene inoltre dalla trasformazione di Lorentz inversa (1.41), ed è data da:

$$\Delta x = \gamma \left(\Delta x' + v \Delta t' \right), \qquad\qquad \Delta y = \Delta y',$$
$$\Delta t = \gamma \left(\Delta t' + \frac{v}{c^2} \Delta x' \right). \tag{4.1}$$

Consideriamo innanzitutto la direzione ortogonale al moto. La lunghezza propria misurata in S' è $L'_\perp = \Delta y'$. La corrispondente lunghezza misurata in S è la stessa, perchè le coordinate degli estremi rimangono invariate:

$$L_\perp \equiv \Delta y = \Delta y' \equiv L'_\perp. \tag{4.2}$$

Consideriamo ora la lunghezza parallela al moto. La lunghezza propria è $L'_\parallel = \Delta x'$. La lunghezza misurata in S, applicando l'Eq. (4.1), è data da:

$$L_\parallel \equiv (\Delta x)_{\Delta t=0} = \gamma \left(\Delta x' + v \Delta t' \right)_{\Delta t=0}. \tag{4.3}$$

Imponendo la condizione di misura simultanea, $\Delta t = 0$, si ottiene inoltre dalle trasformazioni (4.1) che

$$\Delta t' = -\frac{v}{c^2} \Delta x'. \tag{4.4}$$

Sostituendo nell'Eq. (4.3) otteniamo:

$$L_\| = \gamma \Delta x' \left(1 - \frac{v^2}{c^2} \right) = L'_\| \sqrt{1 - \frac{v^2}{c^2}}. \qquad (4.5)$$

Abbiamo perciò $L_\| < L'_\|$, ossia l'oggetto in moto risulta *contratto* (rispetto alla sua lunghezza a riposo) in direzione parallela a quella del moto. La contrazione misurata è controllata dall'inverso del fattore di Lorentz, $L_\|/L'_\| = \gamma^{-1}$.

4.2 Dilatazione temporale e tempo proprio

Supponiamo ora di avere un orologio O' a riposo nel sistema S', che scandisce il tempo con un periodo $\Delta t'$, e confrontiamo questo intervallo temporale con quello di un orologio O, fisicamente identico al primo, a riposo nel sistema S. Supponiamo che S' si muova rispetto a S con velocità v lungo l'asse x, come illustrato nella Fig. 4.1.

Ricordiamo, a questo proposito, che nel caso delle trasformazioni di Galilei gli intervalli temporali sono invarianti. Nel caso delle trasformazioni di Lorentz dobbiamo invece applicare le equazioni (4.1), che forniscono la relazione tra il periodo $\Delta t'$ dell'orologio O' in moto rispetto a S e il periodo Δt dell'orologio O fermo.

Poichè O' è fermo nel sistema S', i suoi successivi battiti, separati da un intervallo temporale $\Delta t'$, sono tutti localizzati nella stessa posizione spaziale rispetto alle coordinate di S', e sono quindi caratterizzati da un intervallo spaziale $\Delta x' = 0$. Dall'ultima delle equazioni (4.1) otteniamo allora immediatamente

$$\Delta t = \gamma \Delta t' = \frac{\Delta t'}{\sqrt{1 - v^2/c^2}}. \qquad (4.6)$$

Lo stesso risultato si ottiene anche dalla prima delle equazioni (4.1), ponendo $\Delta x' = 0$ e notando che, rispetto a S, la posizione dell'orologio O' varia nel tempo come $\Delta x = v\Delta t$. In ogni caso, poichè $\Delta t > \Delta t'$, possiamo concludere che gli orologi in moto appaiono rallentati rispetto al naturale ritmo che hanno a riposo, ossia che il moto relativo produce un effetto di *dilatazione temporale*, controllato dal fattore di Lorentz γ.

Tale effetto è completamente generale, e si applica a qualunque tipo di processo fisico che ha luogo in un riferimento in moto, producendo un effettivo rallentamento rispetto ai tempi monitorati nel sistema di riferimento in cui lo stesso processo avviene a riposo. Possiamo citare, a questo proposito, i processi di decadimento delle particelle elementari: la vita media delle particelle instabili, misurata nel sistema di riferimento del laboratorio, aumenta all'aumentare della loro velocità esattamente come previsto dall'Eq. (4.6).

È doveroso osservare, a questo punto, che l'effetto di dilatazione temporale è quadratico nelle velocità, e quindi è perfettamente simmetrico nello scambio dei due sistemi S e S'. Se l'orologio O', in moto con velocità $\mathbf{v}$ rispetto all'orologio O, appare rallentato rispetto a O, allora anche l'orologio O, in moto con velocità $-\mathbf{v}$ rispetto a O', appare rallentato rispetto a O' di una quantità identica, determinata dallo stesso fattore di Lorentz.

L'uso delle trasformazioni di Lorentz implica dunque la completa scomparsa della nozione di tempo assoluto tipica della dinamica Galileiana e Newtoniana: ogni sistema di riferimento, e quindi ogni osservatore, è caratterizzato da una propria coordinata temporale "locale". Ciascuna di queste coordinate è perfettamente lecita, e valida per la descrizione dei fenomeni fisici.

In questo contesto, per confrontare senza ambiguità le osservazioni effettuate in diversi sistemi di riferimento, diventa opportuno ricorrere all'uso del cosiddetto "tempo proprio", τ, definito come segue.

Dati due eventi, l'intervallo di tempo proprio $d\tau$ che li separa è l'intervallo di tempo tra i due eventi misurato nel sistema di riferimento in cui la loro separazione spaziale è nulla, $d\mathbf{x} = 0$.

È immediato verificare, applicando questa definizione, che l'intervallo di tempo $\Delta t'$ tra i battiti dell'orologio O' dell'esempio precedente è un intervallo di tempo proprio, perchè si riferisce ad eventi che hanno luogo in una posizione spaziale fissa. Ricordando la discussione della Sez. 3.4.1, è anche evidente che la definizione data si applica ad eventi separati da un intervallo spazio-temporale di tipo tempo, $ds^2 < 0$, poichè solo per questi è sempre possibile annullare la loro separazione spaziale mediante un *boost* con velocità $v < c$.

Per un'ulteriore illustrazione della nozione di tempo proprio possiamo considerare un osservatore, solidale con un sistema di riferimento S', in moto rispetto ad un sistema inerziale S lungo la traiettoria arbitraria $\mathbf{x}(t) = \mathbf{v}t$. Prendiamo in particolare due eventi vicini, P_1 e P_2, separati da una distanza spazio-temporale infinitesima, posizionati lungo la traiettoria spazio-temporale dell'osservatore in moto (si veda la Fig. 4.2).

Nel sistema S i due eventi hanno, in generale, separazione temporale dt e separazione spaziale $d\mathbf{x} = \mathbf{v}dt$. L'intervallo spazio-temporale ad essi associato è dato da

$$ds^2 = |d\mathbf{x}|^2 - c^2 dt^2 = \left(v^2 - c^2\right) dt^2. \tag{4.7}$$

Nel sistema S' i due eventi hanno separazione temporale dt' e separazione spaziale nulla, $d\mathbf{x}' = 0$, perchè sono localizzati lungo la traiettoria dell'osservatore, che è fermo (e quindi ha coordinate spaziali fisse) nel sistema S'. Perciò:

$$ds'^2 = |d\mathbf{x}'|^2 - c^2 dt'^2 = -c^2 dt'^2. \tag{4.8}$$

Applicando la definizione precedente, è evidente che il tempo del sistema S' coincide con il tempo proprio, $dt' = d\tau$. È anche chiaro che l'intervallo di tempo proprio è un invariante relativistico (perchè $d\tau^2$ è porporzionale all'intervallo invariante ds^2). Tale invarianza ci permette di collegare, istante per istante, gli intervalli di tempo proprio $d\tau$, misurati nel sistema dell'osservatore

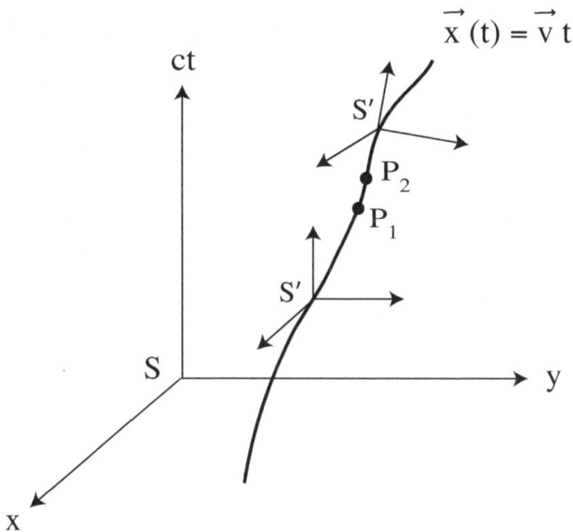

Figura 4.2. Traiettoria spazio-temporale dell'osservatore solidale con il sistema S'. Il moto rispetto al sistema S è descritto dall'equazione $\mathbf{x}(t) = \mathbf{v}t$. I due eventi P_1 e P_2 hanno le stesse coordinate spaziali nel sistema S'

in moto, agli intervalli di tempo dt misurati in un generico sistema inerziale nel quale l'osservatore è visto muoversi con velocità istantanea $\mathbf{v}$. Ponendo $t' = \tau$, ed eguagliando le espressioni (4.7), (4.8), otteniamo infatti la relazione

$$d\tau = \sqrt{1 - \frac{v^2}{c^2}}\,dt, \quad \Longrightarrow \quad \frac{dt}{d\tau} = \frac{1}{\sqrt{1 - v^2/c^2}} \equiv \gamma. \qquad (4.9)$$

Questa relazione è di cruciale importanza perchè, come vedremo nelle sezioni successive, ci permette di eliminare ovunque la coordinata temporale t in funzione di τ, esprimendo così le equazioni della meccanica relativistica in funzione di un parametro temporale invariante.

4.3 Composizione relativistica delle velocità

Per completare il confronto con le trasformazioni di Galilei è utile ricavare esplicitamente la legge di trasformazione dei vettori velocità da un sistema inerziale ad un altro. Chiamiamo

$$\mathbf{u} = \frac{d\mathbf{x}}{dt} \qquad (4.10)$$

la velocità di un oggetto in moto misurata in un dato sistema di riferimento S, e chiediamoci qual è la velocità

$$\mathbf{u}' = \frac{d\mathbf{x}'}{dt'} \tag{4.11}$$

dello stesso oggetto misurata in un altro riferimento S', che si muove rispetto a S con velocità $\mathbf{v}$ costante.

Nel caso Galileiano la risposta è fornita dalla regola di composizione vettoriale (1.4). Nel nostro caso dovremo ottenere la risposta differenziando rispetto al tempo le trasformazioni di Lorentz, tenendo ovviamente presente che le coordinate temporali t e t' dei due sistemi non coincidono.

Consideriamo innanzitutto due sistemi inerziali in configurazione *standard*, con assi paralleli e in moto relativo lungo l'asse $x = x'$, come illustrato in Fig. 4.1. L'oggetto in moto segue la traiettoria $\mathbf{x} = \mathbf{x}(t)$ nel sistema S, e $\mathbf{x}' = \mathbf{x}'(t')$ nel sistema S'. La trasformazione di Lorentz tra le coordinate dei due sistemi è data nell'Eq. (1.39). Derivando tali trasformazioni rispetto al tempo t del sistema S lungo la traiettoria dell'oggetto, e applicando la definizione (4.10), abbiamo:

$$\frac{dx'}{dt'}\frac{dt'}{dt} = \gamma\left(u_x - v\right), \qquad\qquad \frac{dy'}{dt'}\frac{dt'}{dt} = u_y,$$
$$\frac{dt'}{dt} = \gamma\left(1 - \frac{vu_x}{c^2}\right), \qquad\qquad \frac{dz'}{dt'}\frac{dt'}{dt} = u_z. \tag{4.12}$$

Dividendo per dt'/dt, ed applicando la definizione (4.11), troviamo infine la relazione tra le componenti vettoriali della velocità nei due sistemi:

$$u'_x = \frac{u_x - v}{1 - vu_x/c^2}$$
$$u'_y = \frac{u_y}{\gamma\left(1 - vu_x/c^2\right)}, \qquad\qquad u'_z = \frac{u_z}{\gamma\left(1 - vu_x/c^2\right)}. \tag{4.13}$$

Per piccole velocità ($v/c \ll 1$, $|\mathbf{u}|/c \ll 1$) i denominatori di queste espressioni tendono a uno (modulo correzioni quadratiche), e ritroviamo il semplice risultato Galileiano.

La trasformazione (4.13), riferita al moto relativo di due sistemi lungo l'asse x, può essere facilmente estesa al caso di un generico *boost* effettuato con velocità $\mathbf{v}$ lungo una direzione arbitraria. In questo caso la trasformazione generale tra le coordinate dei sistemi S e S' è fornita dalle equazioni (2.4) e (2.5). Operando come in precedenza, ossia differenziando l'Eq. (2.5) rispetto a t, e ricavando dt'/dt dall'Eq. (2.4), arriviamo al risultato:

$$\mathbf{u}' = \frac{\mathbf{u} + \left[(\gamma - 1)\left(\mathbf{u}\cdot\mathbf{v}/v^2\right) - \gamma\right]\mathbf{v}}{\gamma\left(1 - \mathbf{u}\cdot\mathbf{v}/c^2\right)}. \tag{4.14}$$

Se $\mathbf{v}$ è diretto lungo l'asse x, $\mathbf{v} = (v, 0, 0)$, la trasformazione si riduce a quella dell'Eq. (4.13). Per velocità piccole rispetto a quelle della luce possiamo limitarci ai termini lineari nelle velocità (trascurando quelli di ordine quadratico e superiore), e in questa approssimazione ritroviamo l'ordinaria composizione vettoriale $\mathbf{u}' = \mathbf{u} - \mathbf{v}$.

È importante osservare che le trasformazioni ottenute sono compatibili con l'invarianza della velocità della luce (in modulo), come previsto dal principio di relatività di Einstein. Consideriamo, ad esempio un raggio di luce che nel sistema S si propaga con velocità c lungo l'asse x:

$$u_x = c, \qquad u_y = 0, \qquad u_z = 0. \tag{4.15}$$

Applicando la trasformazione (4.13) troviamo immediatamente che la velocità nel sistema S' rimane invariata,

$$u'_x = \frac{c - v}{1 - v/c} = c, \qquad u'_y = 0, \qquad u'_z = 0. \tag{4.16}$$

L'invarianza del modulo continua a valere anche se il passaggio da S a S' è associato ad un cambio di direzione. Consideriamo, ad esempio, un raggio di luce che nel sistema S si propaga lungo l'asse y:

$$u_x = 0, \qquad u_y = c, \qquad u_z = 0. \tag{4.17}$$

Le corrispondenti velocità nel sistema S' sono date da

$$u'_x = -v, \qquad u'_y = c\sqrt{1 - \frac{v^2}{c^2}}, \qquad u'_z = 0. \tag{4.18}$$

La direzione di propagazione rispetto agli assi del sistema è cambiata, ma il modulo è lo stesso,

$$\sqrt{u'^2_x + u'^2_y + u'^2_z} = c. \tag{4.19}$$

Tale risultato è valido qualunque sia la direzione di propagazione, come si può verificare applicando la regola generale di trasformazione (4.14).

È anche interessante notare che, secondo la regola di composizione delle velocità che discende dalle trasformazioni di Lorentz, è impossibile ottenere come risultato una velocità $\mathbf{u}'$ di modulo pari o superiore a c, non importa quanto vicini a c siano le velocità $\mathbf{u}$ e $\mathbf{v}$ che entrano nella composizione. Anche questa proprietà della composizione relativistica è in netto contrasto con i risultati della composizione vettoriale Galileiana.

Per verificare tale proprietà consideriamo il caso generale descritto dall'Eq. (4.14), e calcoliamo il modulo quadro del vettore $\mathbf{u}'$ che si ottiene da quell'equazione. Dividendo per c^2, e scrivendo in forma esplicita i fattori di Lorentz γ, il risultato può essere messo nella forma seguente:

$$1 - \frac{|\mathbf{u}'|^2}{c^2} = \frac{\left(1 - |\mathbf{u}|^2/c^2\right)\left(1 - |\mathbf{v}|^2/c^2\right)}{\left(1 - \mathbf{u}\cdot\mathbf{v}/c^2\right)^2}. \tag{4.20}$$

Considerando i segni e gli zeri di questa espressione è facile verificare che:

- se $|\mathbf{u}| < c$ e $|\mathbf{v}| < c \implies |\mathbf{u}'| < c$;
- se $|\mathbf{u}| = c \implies |\mathbf{u}'| = c$, qualunque sia $\mathbf{v} \neq \mathbf{u}$;
- se $|\mathbf{v}| = c \implies |\mathbf{u}'| = c$, qualunque sia $\mathbf{u} \neq \mathbf{v}$.

Possiamo quindi concludere che la composizione di una qualunque velocità con una di modulo c fornisce una velocità di modulo c, mentre la composizione di due velocità inferiori a c fornisce una velocità che è anch'essa inferiore a quella della luce. Infine, la velocità risultante $\mathbf{u}'$ è nulla se e solo se $\mathbf{u} = \mathbf{v}$, come è ovvio che sia (e come avviene anche nel caso Galileiano).

4.3.1 Il coefficiente di Fresnel

La regola di composizione delle velocità che abbiamo dedotto dalle trasformazioni di Lorentz permette di spiegare il risultato dell'esperimento di Fizeau (si veda la Sez. 1.2.3), senza che sia più necessario ricorrere all'ipotesi del "trascinamento parziale" dell'etere nei corpi in movimento.

Consideriamo infatti un dielettrico, caratterizzato da un indice di rifrazione n, in moto con velocità costante v lungo l'asse x nel sistema di riferimento del laboratorio. Identifichiamo il riferimento del laboratorio con il sistema S, il riferimento del dielettrico con il sistema S', e consideriamo un raggio di luce che si propaga lungo l'asse x' nel sistema del dielettrico con velocità $u'_x = c/n$, $u'_y = 0$, $u'_z = 0$. Qual è la velocità del raggio di luce nel sistema di riferimento del laboratorio?

La risposta ci viene immediatamente fornita dalle equazioni (4.13). Invertendo la trasformazione abbiamo, lungo l'asse x,

$$u_x = \frac{u'_x + v}{1 + vu'_x/c^2} = \left(\frac{c}{n} + v\right)\left(1 + \frac{v}{nc}\right)^{-1}. \tag{4.21}$$

Per $v \ll c$ possiamo sviluppare il denominatore in serie di potenze, e al primo ordine otteniamo:

$$u_x = \left(\frac{c}{n} + v\right)\left(1 - \frac{v}{nc} + \cdots\right) = \frac{c}{n} + v\left(1 - \frac{1}{n^2}\right) + \cdots, \tag{4.22}$$

che coincide esattamente con il risultato fornito dall'esperimento di Fizeau (si veda l'Eq. (1.23)).

Ritroviamo quindi il coefficiente di Fresnel $(1 - 1/n^2)$ che viene interpretato, in questo contesto, non più come un effetto dell'etere parzialmente trascinato, bensì come la correzione relativistica del primo ordine alla legge Galileiana di composizione vettoriale delle velocità.

4.3.2 Il fenomeno dell'aberrazione

Un'altra conseguenza della legge di composizione delle velocità è il cosiddetto effetto di "aberrazione", ossia il cambiamento di direzione subìto dalla traiettoria di un oggetto in moto nel passaggio da un riferimento inerziale ad un altro. Tale effetto esiste anche nel contesto della meccanica Newtoniana (come già discusso nella Sez. 1.2.2), ma in quel caso l'effetto predetto è corretto solo se la velocità relativa dei due sistemi di riferimento è sufficientemente piccola rispetto a c.

Per illustrare in modo semplice l'effetto di aberrazione consideriamo ancora una volta i sistemi S e S' di Fig. 4.1. Prendiamo un oggetto in moto nel sistema S', che si propaga nel piano $\{x', y'\}$ con velocità u', lungo una traiettoria che forma un angolo θ' con l'asse x', e chiediamoci qual è il corrispondente angolo θ misurato nel sistema S.

Per definizione, abbiamo

$$\tan \theta' = \frac{u'_y}{u'_x}. \tag{4.23}$$

Utilizzando la trasformazione delle velocità (4.13) otteniamo

$$\tan \theta' = \frac{u_y}{\gamma \left(u_x - v\right)}. \tag{4.24}$$

Ponendo infine

$$u_x = u \cos \theta, \qquad u_y = u \sin \theta, \tag{4.25}$$

e dividendo per u, dove u è il modulo della velocità dell'oggetto nel sistema S, arriviamo alla relazione cercata tra θ e θ':

$$\tan \theta' = \frac{\sin \theta}{\gamma \left(\cos \theta - v/u\right)}. \tag{4.26}$$

Se al posto dell'oggetto in moto abbiamo un raggio luminoso, che si propaga con velocità $u = c$, la trasformazione precedente si può scrivere (ponendo $\beta = v/c$):

$$\tan \theta' = \frac{\sin \theta \sqrt{1 - \beta^2}}{\cos \theta - \beta}. \tag{4.27}$$

Come semplice applicazione di questa equazione possiamo considerare l'effetto di aberrazione della luce stellare, già illustrato (in un contesto Galileiano) nella Sez. 1.2.2.

Consideriamo una stella a riposo nel sistema inerziale S, e identifichiamo il sistema S' con il sistema solidale con l'osservatore terrestre, in moto con velocità v rispetto a S. La stella emette un raggio luminoso lungo la direzione negativa dell'asse y: il raggio si propaga dunque lungo una traiettoria che forma un angole $\theta = 3\pi/2$ nel piano $\{x, y\}$ del sistema S (si veda la Fig. 4.3). Nel sistema S' dell'osservatore terrestre il raggio vien ricevuto lungo una traiettoria che forma nel piano $\{x', y'\}$ un angolo θ' in generale diverso da θ. Vogliamo calcolare la differenza $\delta = \theta - \theta'$, detta "angolo di aberrazione".

La relazione tra θ e θ' è fornita dall'Eq. (4.27) che implica, ponendo $\theta = 3\pi/2$,

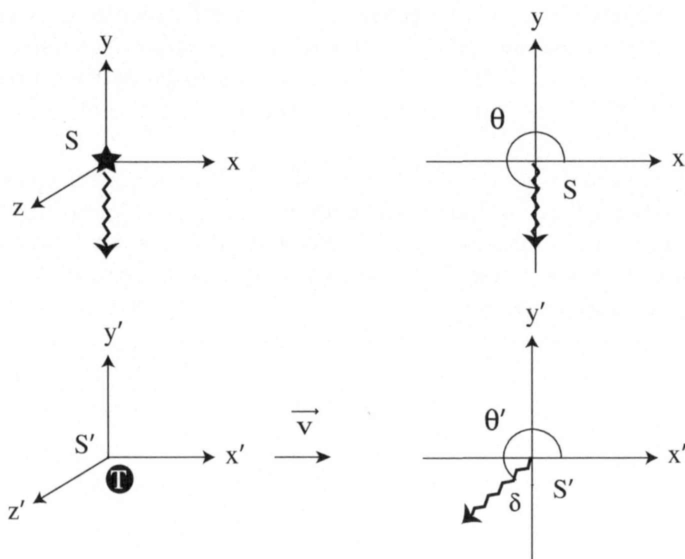

Figura 4.3. Il sistema S', solidale con l'osservatore terrestre, si muove con velocità v lungo l'asse x rispetto al sistema S, solidale con la sorgente stellare. La traiettoria della luce emessa forma un angolo $\theta = 3\pi/2$ nel piano $\{x, y\}$ del sistema S, e un angolo $\theta' \neq \theta$ nel piano $\{x', y'\}$ del sistema S'

$$\tan\theta' = \frac{-\sqrt{1 - \beta^2}}{-\beta}. \tag{4.28}$$

Poichè $\beta = v/c \ll 1$ questa tangente è grande, ma è comunque finita, in accordo al fatto che $\theta' \neq 3\pi/2$. Considerando la differenza $\delta = \theta - \theta'$ abbiamo allora

$$\tan\delta \equiv \tan\left(\frac{3\pi}{2} - \theta'\right) = \frac{\tan(3\pi/2) - \tan\theta'}{1 + \tan(3\pi/2)\tan\theta'}$$

$$= \frac{1}{\tan\theta'} = \frac{\beta}{\sqrt{1 - \beta^2}}. \tag{4.29}$$

Possiamo infine approssimare questo risultato esatto sviluppandolo al primo ordine in β, ricordando che, tipicamente, $v/c \sim 10^{-4}$ per le velocità associate al moto di rivoluzione terrestre (si veda la Sez. 1.2). In questa approssimazione otteniamo

$$\tan\delta \simeq \beta = \frac{v}{c}, \tag{4.30}$$

in prefetto accordo con il risultato Galileiano (1.22).

4.4 Quadrivettori velocità ed accelerazione

Nelle sezioni precedenti abbiamo presentato alcune importanti conseguenze delle trasformazioni di Lorentz, usando, per un confronto più immediato con le trasformazioni di Galileo, l'ordinario linguaggio vettoriale. Per uno studio più generale del moto nel regime relativistico è però conveniente usare il formalismo tensoriale introdotto nel Capitolo 3.

Nello spazio Euclideo tridimensionale la variabile fondamentale della cinematica è il vettore posizione $\mathbf{x}(t)$, che localizza l'oggetto in moto lungo la traiettoria in funzione del tempo. La derivata della posizione rispetto al tempo definisce il vettore velocità, $\mathbf{v} = d\mathbf{x}/dt$, che rappresenta la tangente alla traiettoria data.

Nello spazio-tempo di Minkowski la traiettoria è individuata dal *quadrivettore posizione*, $x^\mu = (\mathbf{x}, ct)$, e può essere parametrizzata in modo invariante rispetto alle trasformazioni di Lorentz usando il tempo proprio definito nella Sez. 4.2, $x^\mu = x^\mu(\tau)$. In questo caso lo spostamento infinitesimo lungo la traiettoria è dato da

$$dx^\mu = \frac{dx^\mu}{d\tau} d\tau. \tag{4.31}$$

Poichè dx^μ è un quadrivettore, e $d\tau$ uno scalare, la derivata $u^\mu = dx^\mu/d\tau$ definisce un quadrivettore: il *quadrivettore velocità*, le cui componenti – ricordando l'Eq. (4.9) – si possono scrivere come segue:

$$u^\mu = \frac{dx^\mu}{d\tau} = \frac{dt}{d\tau} \frac{d}{dt} (\mathbf{x}, ct) = (\gamma \mathbf{v}, \gamma c). \tag{4.32}$$

La quadrivelocità u^μ è un quadrivettore di tipo tempo, con modulo quadro costante e indipendente dalla velocità v dell'oggetto in moto. Abbiamo infatti

$$u^\mu u_\mu = \gamma^2 \left(v^2 - c^2 \right) = -c^2 < 0. \tag{4.33}$$

Nel riferimento in cui l'oggetto è a riposo, in particolare, abbiamo $\mathbf{v} = 0$, $\gamma = 1$, e le componenti di u^μ si riducono a $u^\mu = (0, 0, 0, c)$.

Così come la derivata temporale del vettore velocità definisce l'accelerazione, la derivata del quadrivettore velocità rispetto al tempo proprio definisce il *quadrivettore accelerazione*, $a^\mu = du^\mu/d\tau$, che ha componenti:

$$a^\mu = \frac{du^\mu}{d\tau} = \frac{dt}{d\tau} \frac{d}{dt} (\gamma \mathbf{v}, \gamma c) = \left(\gamma \frac{d}{dt} (\gamma \mathbf{v}), \gamma c \frac{d\gamma}{dt} \right). \tag{4.34}$$

I quadrivettori velocità e accelerazione sono ortogonali tra loro (rispetto alla metrica di Minkowski). Se deriviamo rispetto a τ l'Eq. (4.33) che definisce il modulo quadro di u^μ abbiamo, infatti,

$$u^\mu \frac{du_\mu}{d\tau} + u_\mu \frac{du^\mu}{d\tau} \equiv 2 u^\mu a_\mu = 0. \tag{4.35}$$

Poichè u^μ è di tipo tempo, questo risultato suggerisce che a_μ sia un quadri-vettore di tipo spazio.

Possiamo verificare immediatamente che è così mettendoci nel riferimento in cui l'oggetto è istantaneamente a riposo: in questo riferimento, infatti, $\mathbf{v} = 0$, $\gamma = 1$,

$$\frac{d\gamma}{dt} = \frac{d}{dt}\left(1 - \frac{v^2}{c^2}\right)^{-1/2} = \gamma^3 \frac{\mathbf{v}}{c^2} \cdot \frac{d\mathbf{v}}{dt} = 0, \tag{4.36}$$

e le componenti (4.34) di a^μ si riducono a

$$a^\mu = \left(\frac{d\mathbf{v}}{dt}, 0\right). \tag{4.37}$$

Solo le componenti spaziali sono diverse da zero, ed è dunque evidente che $a^\mu a_\mu = |d\mathbf{v}/dt|^2 > 0$. Il modulo quadro di a^μ, d'altra parte, è un invariante relativistico, per cui sarà sempre positivo in tutti i sistemi inerziali, come si conviene appunto a un quadrivettore di tipo spazio.

Possiamo verificare questa conclusione calcolando esplicitamente il modulo di a^μ in un generico riferimento in cui $v \neq 0$ (il risultato che otterremo ci servirà per lo studio del moto uniformemente accelerato nella Sez. 4.6). Consideriamo, per semplicità, un moto unidimensionale, e indichiamo con il punto la derivata rispetto alla coordinata temporale t. Il quadrivettore a^μ, in questo caso, si riduce a un oggetto bi-dimensionale con componenti

$$a^\mu = \left(\gamma\left(\gamma v\right)^{\bullet}, \gamma c \dot{\gamma}\right). \tag{4.38}$$

La derivata $\dot{\gamma}$ è già stata calcolata nell'Eq. (4.36):

$$\dot{\gamma} = \gamma^3 \frac{v}{c^2} \dot{v}. \tag{4.39}$$

Il calcolo di $(\gamma v)^{\bullet}$, eliminando $\dot{v}$ con l'equazione precedente, fornisce:

$$(\gamma v)^{\bullet} = \gamma \dot{v} + \dot{\gamma} v = \dot{\gamma}\left(v + \frac{c^2}{v\gamma^2}\right) = \dot{\gamma}\frac{c^2}{v}. \tag{4.40}$$

Le componenti di a^μ si possono dunque riscrivere come segue:

$$a^\mu = \left(\gamma\left(\gamma v\right)^{\bullet}, \frac{v}{c}\gamma\left(\gamma v\right)^{\bullet}\right). \tag{4.41}$$

Il modulo quadro è infine dato dal quadrato della parte spaziale di a^μ meno il quadrato della parte temporale,

$$a^\mu a_\mu = \gamma^2 \left[\frac{d}{dt}\left(\gamma v\right)\right]^2 \left(1 - \frac{v^2}{c^2}\right) = \left[\frac{d}{dt}\left(\gamma v\right)\right]^2, \tag{4.42}$$

ed è chiaramente positivo, come anticipato.

4.5 Quadrivettore impulso e quadrivettore d'onda

I quadrivettori forza e impulso verranno introdotti e interpretati in maniera appropriata nel Capitolo 6 dedicato alla dinamica. In questa sezione presentiamo solo la loro definizione, per completare la nostra rassegna di quadrivettori necessari alla descrizione covariante del moto relativistico.

Ricordiamo, a questo proposito, che nell'ambito della meccanica Newtoniana un corpo massivo in moto è caratterizzato da un vettore impulso (o quantità di moto, o momento lineare), definito come il prodotto della massa del corpo per la sua velocità di spostamento. Allo stesso modo, in un contesto relativistico, possiamo associare a un corpo con quadrivelocità u^μ un *quadrivettore impulso*, moltiplicando la quadrivelocità per la massa *propria* (o massa a riposo) del corpo, $p^\mu = mu^\mu$. Questo quadrivettore ha componenti

$$p^\mu = mu^\mu = (m\gamma\mathbf{v}, m\gamma c), \qquad (4.43)$$

ed è di tipo tempo, perchè

$$p^\mu p_\mu = m^2 u^\mu u_\mu = -m^2 c^2 < 0. \qquad (4.44)$$

Il vettore

$$\mathbf{p} = m\gamma\mathbf{v} \qquad (4.45)$$

viene anche chiamato "impulso relativistico". Si noti che la massa propria m (ossia la massa misurata nel riferimento in cui il corpo è a riposo) è una quantità scalare che ha lo stesso valore numerico in tutti i sistemi di riferimento, ed è dunque un invariante relativistico come il tempo proprio.

In un contesto Newtoniano la derivata temporale del vettore impulso definisce il vettore forza. Nel contesto dello spazio-tempo di Minkowski definiamo dunque il *quadrivettore forza* come la derivata temporale del quadrivettore impulso rispetto al tempo proprio, $F^\mu = dp^\mu/d\tau$. Se la massa del corpo è costante abbiamo allora

$$F^\mu = \frac{dp^\mu}{d\tau} = m\frac{du^\mu}{d\tau} = ma^\mu. \qquad (4.46)$$

In questo caso le componenti di F^μ sono quelle del quadrivettore accelerazione moltiplicate per m, ed è chiaro che F^μ risulta un quadrivettore di tipo spazio, $F^\mu F_\mu = m^2 a^\mu a_\mu > 0$. È anche chiaro – come conseguenza dell'Eq. (4.35) – che i quadrivettori forza e impulso risultano ortogonali:

$$F^\mu p_\mu = m^2 a^\mu u_\mu = 0. \qquad (4.47)$$

I quadrivettori velocità e impulso si prestano bene a descrivere la propagazione di corpi massivi nello spazio-tempo di Minkowski, ma non sembrano immediatamente utilizzabili per descrivere processi di tipo ondulatorio quali, ad esempio, la propagazione delle onde elettromagnetiche nel vuoto.

Per descrivere un'onda che ha frequenza[1] (o meglio, pulsazione) ω, che si propaga lungo la direzione individuata dal versore $\mathbf{n}$, $|\mathbf{n}|^2 = 1$, è conveniente introdurre il *quadrivettore d'onda* k^μ, che ha componenti:

$$k^\mu = \left(\mathbf{k}, \frac{\omega}{c}\right), \qquad \mathbf{k} = \frac{\omega}{w}\mathbf{n}. \qquad (4.48)$$

Il vettore $\mathbf{k}$ è il cosiddetto "vettore d'onda", e w è il modulo della velocità di fase, $w = \omega/|\mathbf{k}|$. Si può mostrare che le componenti di k^μ sono costruite in modo da essere consistenti con l'estensione al regime relativistico della proporzionalità tra energia e frequenza, e tra impulso e numero d'onda, fornite dalla meccanica quantistica (si veda l'Esercizio N.12).

Per un'onda elettromagnetica che si propaga nel vuoto, in particolare, abbiamo $w = c$, e il corrispondente quadrivettore d'onda,

$$k^\mu = \left(\frac{\omega}{c}\mathbf{n}, \frac{\omega}{c}\right), \qquad (4.49)$$

ha modulo quadro nullo, $k^\mu k_\mu = 0$, ed è dunque di tipo luce. Tale quadrivettore verrà utilizzato nella prossima sezione per una semplice illustrazione dell'effetto Doppler relativistico.

4.5.1 Effetto Doppler relativistico

Consideriamo una sorgente di onde elettromagnetiche a riposo in un sistema inerziale S' che si muove con velocità costante v rispetto all'asse x di un altro sistema S. La sorgente è posizionata nell'origine di S', ed emette radiazione con frequenza propria ω' (la frequenza propria è la frequenza misurata nel riferimento in cui la sorgente è a riposo). Qual è la frequenza ω ricevuta nel sistema S?

La frequenza ricevuta dipende ovviamente dalla frequenza emessa, ma anche dalla direzione lungo la quale la radiazione viene ricevuta. Per i casi che ci interessa discutere possiamo supporre che la radiazione ricevuta si propaghi nel piano $\{x, y\}$ del sistema S, formando un angolo θ con l'asse x. Il quadrivettore d'onda che la descrive, in accordo all'Eq. (4.49), è dunque il seguente:

$$k^\mu = \left(\frac{\omega}{c}\cos\theta, \frac{\omega}{c}\sin\theta, 0, \frac{\omega}{c}\right). \qquad (4.50)$$

Il corrispondente quadrivettore del sistema S' è fornito dalla trasformazione di Lorentz

$$k'^\mu = \Lambda^\mu{}_\nu k^\nu. \qquad (4.51)$$

Poichè ci interessa la trasformazione della frequenza, ci basta considerare la componente $\mu = 4$ dell'equazione precedente. Ricordando la matrice (2.7) che rappresenta la trasformazione di Lorentz per un *boost* lungo l'asse x, abbiamo:

---

[1] Ne seguito di questo capitolo, e nel resto del libro, identificheremo la frequenza ν con la pulsazione $\omega = 2\pi\nu$.

$$k'^4 = \frac{\omega'}{c} = \Lambda^4{}_1 k^1 + \Lambda^4{}_4 k^4$$

$$= -\beta\gamma\frac{\omega}{c}\cos\theta + \gamma\frac{\omega}{c}. \tag{4.52}$$

Risolvendo per ω otteniamo immediatamente la relazione

$$\omega = \omega'\frac{\sqrt{1-\beta^2}}{1-\beta\cos\theta}, \tag{4.53}$$

che esprime la frequenza ω ricevuta da una sorgente che emette con frequenza propria ω', e che si muove lungo la direzione positiva dell'asse x con velocità $\beta = v/c$. Si noti che per $v \ll c$ questa relazione si può approssimare, al primo ordine in β, come

$$\omega = \omega'\left(1 + \beta\cos\theta\right), \tag{4.54}$$

in accordo con la ben nota espressione dell'effetto Doppler non-relativistico.

Consideriamo ora separatamente i tre casi illustrati in Fig. 4.4. Nel caso in cui la radiazione viene ricevuta nel sistema S lungo una direzione caratterizzata da un angolo $\theta = \pi$ essa viene emessa da una sorgente che si sta *allontanando* lungo l'asse x, e in questo caso l'Eq. (4.53) fornisce

$$\omega = \omega'\frac{\sqrt{1-\beta^2}}{1+\beta} = \omega'\sqrt{\frac{1-\beta}{1+\beta}} < \omega'. \tag{4.55}$$

La frequenza ricevuta è *minore* di quella emessa (spostamento verso il rosso, o *redshift*).

Nel caso in cui la radiazione viene ricevuta nel sistema S lungo una direzione caratterizzata da un angolo $\theta = 0$ essa viene emessa da una sorgente che si sta *avvicinando* lungo l'asse x, e in questo caso l'Eq. (4.53) fornisce

$$\omega = \omega'\frac{\sqrt{1-\beta^2}}{1-\beta} = \omega'\sqrt{\frac{1+\beta}{1-\beta}} > \omega'. \tag{4.56}$$

La frequenza ricevuta è *maggiore* di quella emessa (spostamento verso il blu, o *blueshift*).

Consideriamo infine il caso in cui la radiazione ricevuta forma un angolo $\theta = \pi/2$ nel sistema S. Il sistema S' della sorgente si muove sempre lungo l'asse x, ma è traslato di una quantità costante lungo y. In questo caso l'equazione approssimata (4.54) non prevede alcun effetto, mentre l'espressione relativistica esatta, Eq. (4.53), predice uno spostamento della frequenza verso il rosso che è di ordine quadratico nella velocità:

$$\omega = \omega'\sqrt{1-\beta^2} < \omega'. \tag{4.57}$$

Questo nuovo tipo di effetto, chiamato "effetto Doppler trasversale", è stato osservato utilizzando, ad esempio, sorgenti poste sul bordo di un disco in

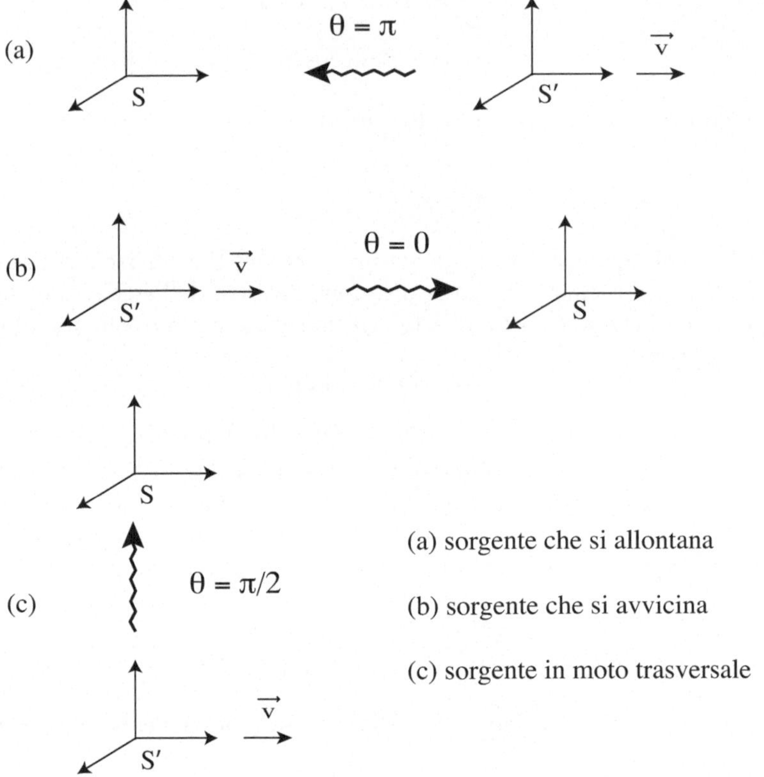

Figura 4.4. Sorgente in allontanamento: la radiazione viene ricevuta lungo la direzione caratterizzata da un angolo $\theta = \pi$ nel piano $\{x, y\}$ del sistema S. Sorgente in avvicinamento: la radiazione viene ricevuta lungo la direzione caratterizzata da un angolo $\theta = 0$ nel piano $\{x, y\}$ del sistema S. Effetto Doppler trasversale: la radiazione viene ricevuta lungo la direzione caratterizzata da un angolo $\theta = \pi/2$ nel piano $\{x, y\}$ del sistema S

rapida rotazione. La radiazione emessa viaggia lungo il raggio del disco, e viene ricevuta al centro. La velocità della sorgente, tangenziale al bordo del disco, è sempre ortogonale alla direzione di ricezione, per cui la frequenza ricevuta deve essere spostata verso il rosso come previsto dall'Eq. (4.57) (come appunto è stato confermato dagli esperimenti).

4.6 Moto relativistico uniformemente accelerato

Nell'ambito della meccanica Newtoniana è ben noto che un corpo con accelerazione di modulo costante,

$$\left|\frac{d\mathbf{v}}{dt}\right| = \alpha = \text{cost}, \tag{4.58}$$

si muove di moto uniformememente accelerato, descrivendo una traiettoria $\mathbf{x}(t)$ di tipo *parabolico*. Consideriamo ad esempio un moto unidimensionale lungo l'asse x. Integrando l'equazione precedente otteniamo la soluzione

$$v = \frac{dx}{dt} = \alpha t, \qquad x = \frac{1}{2}\alpha t^2 \tag{4.59}$$

(modulo arbitrarie costanti di integrazione, che abbiamo posto a zero), che rappresenta infatti una parabola nel piano $\{x, ct\}$.

Possiamo subito notare che, con queste equazioni, $v \to \infty$ per $t \to \infty$. Il moto prevede dunque che, dopo tempi sufficientemente lunghi, si possano raggiungere velocità arbitrariamente elevate e – in particolare – arbitrariamente superiori a c. Questo è chiaramente in contrasto con le trasformazioni di Lorentz, che impediscono di passare con continuità da una velocità $v < c$ a un'altra $v > c$ (si veda la Sez. 4.3). In un contesto relativistico la nozione di moto uniformemente accelerato va dunque opportunamente generalizzata.

A questo proposito osserviamo che l'accelerazione $d\mathbf{v}/dt$ rappresenta le componenti spaziali del quadrivettore accelerazione a^μ nel riferimento in cui il corpo in moto è (istantaneamente) a riposo (si veda l'Eq. (4.37)). Se il corpo è uniformemente accelerato si avrà, in questo riferimento, $|d\mathbf{v}/dt| = \alpha = \text{cost}$, e quindi $a^\mu a_\mu = \alpha^2 = \text{cost}$. Ma il modulo di un quadrivettore è un invariante, e quindi possiamo caratterizzare, in generale, un moto relativistico uniformemente accelerato come un moto caratterizzato da una quadri-accelerazione di modulo costante,

$$a^\mu a_\mu = \alpha^2 = \text{cost} \tag{4.60}$$

(dove la costante α rappresenta il modulo dell'accelerazione propria).

Per un moto unidimensionale, in particolare, il modulo di a^μ è fornito dall'Eq. (4.42). La condizione (4.60) fornisce allora l'equazione del moto

$$\frac{d}{dt}\left(\gamma v\right) = \alpha, \tag{4.61}$$

che generalizza al caso relativistico l'equazione del moto (4.58). Questa equazione può essere facilmente integrata e fornisce, come vedremo, una traiettoria di tipo *iperbolico* anzichè parabolico.

Per semplificare le equazioni scegliamo le condizioni iniziali in modo da azzerare le costanti di integrazione. Una prima integrazione fornisce allora

$$\gamma v = \alpha t, \tag{4.62}$$

da cui, risolvendo algebricamente per v,

$$v(t) = \frac{dx}{dt} = \frac{\alpha t}{\sqrt{1 + \alpha^2 t^2/c^2}}. \tag{4.63}$$

È interessante osservare che, in questo caso, $v \to c$ per $t \to \infty$: la velocità soddisfa il vincolo $v \leq c$, e non può raggiungere valori arbitrariamente elevati, come avviene nel caso Newtoniano. Integrando rispetto a t una seconda volta otteniamo infine l'equazione della traiettoria per il moto relativistico uniformemente accelerato,

$$x(t) = \frac{c^2}{\alpha} \sqrt{1 + \frac{\alpha^2 t^2}{c^2}}. \tag{4.64}$$

Per piccole velocità $v/c \ll 1$, ossia per tempi sufficientemente piccoli tali che $\alpha t/c \ll 1$, questa espressione approssima la parabola non-relativistica (4.59). Sviluppando in serie la radice dell'Eq. (4.64) abbiamo infatti:

$$x = c^2 \alpha \left(1 + \frac{\alpha^2 t^2}{2c^2} + \cdots \right) = \frac{c^2}{\alpha} + \frac{1}{2} \alpha t^2 + \cdots. \tag{4.65}$$

Nel limite opposto $t \to \pm\infty$ abbiamo invece $x \to \pm ct$: la traiettoria tende a coincidere, asintoticamente, con le bisettrici del piano di Minkowski $\{x, ct\}$ (ossia con il bordo del cono rappresentato dalle traiettorie dei raggi di luce, si veda la Sez. 3.4.1).

Elevando al quadrato entrambi i membri dell'Eq. (4.64) possiamo infine scrivere l'equazione della traiettoria nella forma seguente:

$$x^2 - c^2 t^2 = \frac{c^4}{\alpha^2}. \tag{4.66}$$

In questa forma è evidente che un corpo relativistico uniformemente accelerato descrive nel piano di Minkowski un'iperbole equilatera che interseca l'asse spaziale nei punti $x = \pm c^2/\alpha$, e che ha come asintoti le rette del cono luce $x = \pm ct$ (si veda la Fig. 4.5). La "concavità dell'iperbole (ossia la distanza del punto di intersezione c^2/α dall'origine) è controllata dall'intensità dell'accelerazione α, e tende a zero per $\alpha \to \infty$. Anche nel limite di accelerazione propria infinita risulta comunque impossibile raggiungere velocità superiori a c.

4.6.1 Parametrizzazione covariante e spazio di Rindler

L'Eq. (4.64) descrive la traiettoria del corpo uniformemente accelerato usando come parametro la coordinata temporale t di un generico osservatore inerziale, che vede il corpo muoversi con una velocità $v(t)$ data dall'Eq. (4.63).

Per fornire una descrizione del moto che sia "esplicitamente covariante", ossia che si basi su equazioni che mantengono la stessa forma in tutti i riferimenti inerziali, bisogna invece usare come parametro temporale il tempo proprio τ del corpo in moto (che è invariante per trasformazione di Lorentz, e che ha quindi ha lo stesso valore in tutti i sistemi).

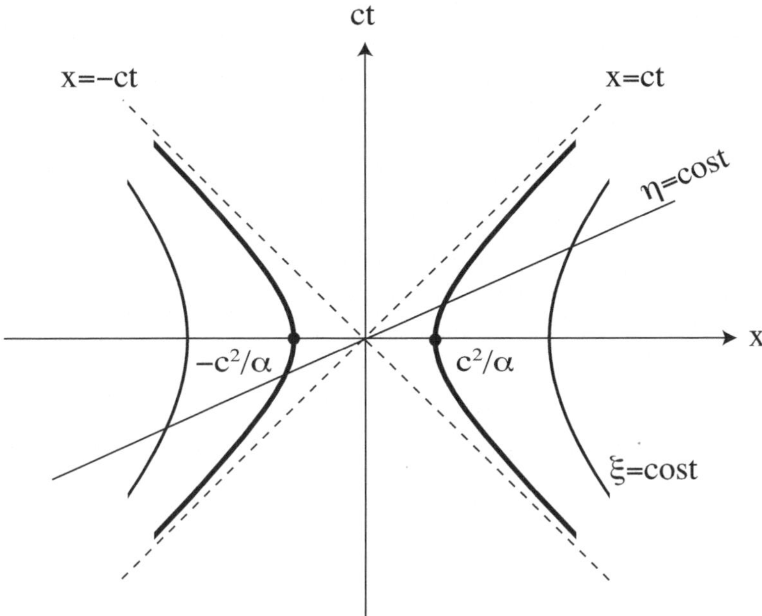

Figura 4.5. La curva in grassetto rappresenta la traiettoria iperbolica nel piano di Minkowski di un moto relativistico uniformemente accelerato, con accelerazione propria α = costante, e condizioni iniziali $x(0) = c^2/\alpha$ a $t = 0$. La figura mostra anche le curve corrispondenti a valori costanti delle coordinate di Rindler ξ e η. Al variare di ξ e η tra $-\infty$ e $+\infty$ viene spazzata tutta la regione del piano di Minkowski esterna al cono-luce $x = \pm ct$, definita dalle condizioni (4.74)

A questo scopo osserviamo che l'equazione della traiettoria (4.66) si può ri-scrivere in forma tensoriale come una condizione sul modulo del quadrivettore posizione,

$$x^\mu x_\mu = \frac{c^4}{\alpha^2}, \qquad (4.67)$$

che deve risultare costante. D'altra parte, anche la quadri-accelerazione deve avere modulo costante, in accordo all'Eq. (4.60). Questo suggerisce di imporre, come equazione covariante per il moto uniformemente accelerato, una condizione di proporzionalità tra i quadrivettori posizione e accelerazione, e di risolvere tale equazione tenendo conto della normalizzazione del quadrivettore velocità,

$$u^\mu u_\mu = -c^2, \qquad (4.68)$$

anch'esso dotato di modulo costante. La combinazione delle equazioni (4.60), (4.67) ci porta dunque all'equazione del moto

$$a^\mu = \frac{d^2 x^\mu}{d\tau^2} = \frac{\alpha^2}{c^2} x^\mu, \tag{4.69}$$

per la traiettoria $x^\mu = x^\mu(\tau)$.

Limitiamoci, come in precedenza, ad una sola dimensione spaziale, ponendo $x^\mu = (x, ct)$. Si ottengono allora due equazioni differenziali omogenee, del secondo ordine, per $x(\tau)$ e $t(\tau)$, la cui soluzione generale si può scrivere come combinazione lineare delle funzioni seno e coseno iperbolico con argomento $\alpha\tau/c$. Fissiamo le costanti di integrazione in modo tale da rispettare la condizione (4.68), e di avere, come condizione iniziali a $\tau = 0$, le stesse condizioni inziali della soluzione (4.63), (4.64) (ossia $x(0) = c^2/\alpha$ e $v(0) = 0$ per $t = \tau = 0$).

Arriviamo così alla soluzione particolare descritta dal quadrivettore posizione

$$x^\mu = \left(\frac{c^2}{\alpha} \cosh \frac{\alpha\tau}{c}, \frac{c^2}{\alpha} \sinh \frac{\alpha\tau}{c} \right), \tag{4.70}$$

che soddisfa esattamente l'Eq. (4.69), come possiamo verificare derivando due volte rispetto a τ. La quadrivelocità è correttamente normalizzata, poichè

$$u^\mu = \frac{dx^\mu}{d\tau} = \left(c \sinh \frac{\alpha\tau}{c}, c \cosh \frac{\alpha\tau}{c} \right), \tag{4.71}$$

e quindi $u^\mu u_\mu = -c^2$. L'equazione parametrica della traiettoria iperbolica, in funzione del tempo proprio τ lungo tale traiettoria, è dunque determinata dalla soluzione (4.70) come segue:

$$x(\tau) = \frac{c^2}{\alpha} \cosh \frac{\alpha\tau}{c}, \qquad ct(\tau) = \frac{c^2}{\alpha} \sinh \frac{\alpha\tau}{c}. \tag{4.72}$$

Al variare di α tra 0 e ∞, e di τ tra $-\infty$ e $+\infty$, queste traiettorie spazzano la regione di piano situata "alla destra" del cono-luce (ossia la regione con $x > 0$). Se passiamo dalle coordinate cartesiane (x, t) alle coordinate (ξ, η) definite dalla trasformazione

$$x = \xi \cosh \eta, \qquad ct = \xi \sinh \eta, \tag{4.73}$$

con $\xi \in [-\infty, +\infty]$, $\eta \in [-\infty, +\infty]$, possiamo allora parametrizzare tutta la porzione di piano di Minkowski $\{x, ct\}$ *esterna* al cono-luce (le coordinate ξ e η sono dette "cordinate di Rindler"). Infatti, le curve $\eta = $ cost sono rette $x/ct = $ cost, passanti per l'origine. Le curve $\xi = $ cost sono iperboli $x^2 - c^2 t^2 = $ cost, centrate sull'origine (si veda la Fig. 4.5). Al variare di ξ e η si riproduce tutta la porzione di piano di Minkowski definita dalle condizioni

$$|ct| < x, \qquad |ct| < -x, \tag{4.74}$$

detta "spazio di Rindler", ed esterna al cono-luce.

Concludiamo osservando che le coordinate di Rindler forniscono un esempio di sistema di coordinate "incompleto", ossia incapace di ricoprire tutta la varietà su cui sono definiti (in questo caso il piano di Minkowski $\mathcal{M}_2$). Tali coordinate possono essere però analiticamente estese a un altro sistema di coordinate che è completo, ossia che ricopre tutta la varietà data, e che nel nostro caso è rappresentato dalle coordinate cartesiane (x, ct) collegate a quelle di Rindler dalla trasformazione (4.72).

Elettromagnetismo in forma covariante

Questo capitolo non contiene novità di carattere fisico rispetto alle nozioni che lo studente ha già appreso dai corsi di elettromagnetismo. La teoria elettromagnetica basata sulle equazioni di Maxwell è infatti perfettamente compatibile con il principio di relatività Einsteiniano, e non richiede modifiche o generalizzazione di alcun tipo.

Lo scopo del capitolo è quello di riscrivere le equazioni elettromagnetiche in forma tensoriale, in modo tale che risulti esplicita la loro validità in tutti i sistemi di riferimento inerziali, e che si possano inoltre trasformare con facilità le variabili elettromagnetiche (campi, sorgenti, potenziali, ...) da un sistema di riferimento ad un altro.

5.1 Equazioni di Maxwell in forma tensoriale

Per applicare il formalismo tensoriale del Capitolo 3 alle equazioni elettromagnetiche è necessario, innazitutto, associare un opportuno oggetto geometrico al campo elettrico e al campo magnetico.

A questo scopo osserviamo che $\mathbf{E}$ e $\mathbf{B}$ sono vettori dello spazio Euclideo tridimensionale, e dunque non possono essere separatamente rappresentati come quadrivettori dello spazio-tempo di Minkowski (che necessitano di quattro componenti distinte). Inoltre, le componenti di $\mathbf{E}$ e $\mathbf{B}$ in totale sono 6: troppe per un quadrivettore, troppo poche per un generico tensore di rango due, che ha 16 componenti.

Un tensore $T_{\mu\nu}$ di rango due *antisimmetrico*, però, ha solo 6 componenti indipendenti. Infatti, la condizione di antisimmetria $T_{\mu\nu} = -T_{\nu\mu}$ impone che le componenti diagonali con $\mu = \nu$ siano tutte nulle, e che le componenti con $\mu < \nu$ (poste "al di sopra" della diagonale) siano uguali e di segno contrario alle componenti con $\mu > \nu$ (poste "al di sotto" della diagonale). Restano, in totale, $(16 - 4)/2 = 6$ componenti indipendenti.

Con le 6 componenti di $\mathbf{E}$ e $\mathbf{B}$ possiamo dunque costruire un tensore antisimmetrico di rango due, $F_{\mu\nu} = -F_{\nu\mu}$, che chiamiamo *tensore del campo elettromagnetico*. Questo tensore è rappresentato da una matrice 4×4 che – seguendo le convenzioni usuali – definiamo associando la parte spaziale 3×3 della matrice alle componenti del campo magnetico, e riservando l'ultima riga e l'ultima colonna alle componenti del campo elettrico. Con queste assunzioni (e con le nostre convenzioni riguardo al segno della metrica di Minkowski) possiamo rappresentare il tensore $F_{\mu\nu}$ in forma covariante come segue:

$$F_{\mu\nu} = \begin{pmatrix} 0 & B_3 & -B_2 & E_1 \\ -B_3 & 0 & B_1 & E_2 \\ B_2 & -B_1 & 0 & E_3 \\ -E_1 & -E_2 & -E_3 & 0 \end{pmatrix} = -F_{\nu\mu}. \tag{5.1}$$

Separando esplicitamente le componenti elettriche e magnetiche possiamo anche scrivere

$$F_{ij} = \epsilon_{ijk}B^k, \qquad\qquad F_{i4} = E_i, \tag{5.2}$$

dove ϵ_{ijk} è il simbolo di Levi-Civita completamente antisimmetrico, definito nella sezione sulle Notazioni e Convenzioni all'inizio del libro.

La forma controvariante del tensore elettromagnetico si ottiene operando sugli indici di $F_{\mu\nu}$ con la metrica di Minkowski,

$$F^{\mu\nu} = \eta^{\mu\alpha}\eta^{\nu\beta}F_{\alpha\beta}. \tag{5.3}$$

Con la nostra metrica (si veda l'Eq. (3.31)) non c'e alcun effetto associato allo spostamento "verticale" degli indici spaziali $1, 2, 3$, mentre c'è un cambio di segno nel caso del quarto indice temporale. Perciò

$$F^{ij} = F_{ij}, \qquad\qquad F^{i4} = -F_{i4}, \tag{5.4}$$

ossia

$$F^{\mu\nu} = \begin{pmatrix} 0 & B_3 & -B_2 & -E_1 \\ -B_3 & 0 & B_1 & -E_2 \\ B_2 & -B_1 & 0 & -E_3 \\ E_1 & E_2 & E_3 & 0 \end{pmatrix} = -F^{\nu\mu}. \tag{5.5}$$

È ben noto, nella teoria elettromagnetica, che i campi elettrici e magnetici possono essere espressi in funzione del potenziale vettore $\mathbf{A}$ e del potenziale scalare ϕ. Combinando ϕ con le tre componenti di $\mathbf{A}$ possiamo costruire il *quadrivettore potenziale*

$$A^\mu = (\mathbf{A}, \phi), \tag{5.6}$$

ed è immediato verificare che la relazione tra campi e potenziali si può scrivere, in forma tensoriale compatta, come

$$F_{\mu\nu} = \partial_\mu A_\nu - \partial_\nu A_\mu, \tag{5.7}$$

dove ∂_μ è il quadrivettore gradiente definito nell'Eq. (3.42).

Consideriamo infatti le componenti di tipo spazio-temporale dell'equazione precedente, ponendo $\mu = i$ e $\nu = 4$. Ricordando la definizione (5.2), e osservando che $A_4 = -A^4 = -\phi$, otteniamo

$$F_{i4} = -\frac{\partial \phi}{\partial x^i} - \frac{1}{c}\frac{\partial A_i}{\partial t}, \tag{5.8}$$

che coincide con la componente i-esima dell'equazione vettoriale

$$\mathbf{E} = -\boldsymbol{\nabla}\phi - \frac{1}{c}\frac{\partial \mathbf{A}}{\partial t}, \tag{5.9}$$

che esprime appunto il campo elettrico in funzione dei potenziali. Prendiamo poi le componenti puramente spaziali dell'Eq. (5.7), ponendo $\mu = i$, $\nu = j$. Otteniamo

$$F_{ij} = \epsilon_{ijk}B^k = \partial_i A_j - \partial_j A_i. \tag{5.10}$$

Moltiplicando per $\epsilon^{ijl}/2$, e sfruttando le proprietà del simbolo di Levi-Civita,

$$\epsilon^{ijl}\epsilon_{ijk} = 2\delta^l_k, \tag{5.11}$$

arriviamo all'espressione

$$B^l = \frac{1}{2}\epsilon^{ijl}\left(\frac{\partial A_j}{\partial x^i} - \frac{\partial A_i}{\partial x^j}\right) = (\boldsymbol{\nabla} \times \mathbf{a})^l, \tag{5.12}$$

che coincide con la componente l-esima dell'equazione vettoriale

$$\mathbf{B} = \boldsymbol{\nabla} \times \mathbf{A}, \tag{5.13}$$

e che esprime il campo magnetico come rotore del potenziale vettore.

Notiamo infine che le equazione di Maxwell contengono, oltre alle derivate del campo elettrico e magnetico, anche il contributo delle sorgenti materiali rappresentato dalla densità di carica elettrica, ρ, e dal vettore densità di corrente, $\mathbf{J} = \rho\mathbf{v}$. Combinandoli possiamo costruire il *quadrivettore densità di corrente*, con componenti

$$J^\mu = (\mathbf{J}, \rho c), \qquad \mathbf{J} = \rho\mathbf{v}. \tag{5.14}$$

È importante sottolineare che la carica elettrica q è una quantità scalare, invariante per trasformazioni di Lorentz, come sperimentalmente verificato in vari modi e con grande precisione. La densità di carica però non è invariante, in quanto dipende dal volume spaziale (che non rimane invariato per trasformazioni di Lorentz), ed è proprio questo che assicura a J^μ le proprietà di trasformazione appropriate a un quadrivettore (come vedremo nella Sez. 5.5).

Siamo ora in possesso di tutti gli elementi necessari per scrivere le equazioni di Maxwell in una forma che coinvolge solo oggetti tensoriali, e che rimane quindi la stessa in tutti i sistemi inerziali. Le equazioni di Maxwell, scritte nel formalismo vettoriale dello spazio Euclideo a tre dimensioni, si riducono a due equazioni di tipo vettoriale e due di tipo scalare, e quindi contengono in tutto 8 condizioni indipendenti. Espresse nel formalismo tensoriale dello spazio-tempo di Minkowski possono allora essere rappresentate da due relazioni tra quadrivettori, ciascuna delle quali contiene 4 componenti indipendenti.

Le due equazioni vettoriali che corrispondono alle equazioni di Maxwell sono le seguenti:

$$\partial_\nu F^{\mu\nu} = \frac{4\pi}{c} J^\mu \qquad (5.15)$$

per le quattro condizioni differenziali che coinvolgono le sorgenti, e

$$\epsilon^{\mu\nu\alpha\beta}\partial_\nu F_{\alpha\beta} = 0 \qquad (5.16)$$

per le altre quattro senza sorgenti. In quest'ultima equazioni abbiamo introdotto il tensore completamente antisimmetrico $\epsilon^{\mu\nu\alpha\beta} = \epsilon^{[\mu\nu\alpha\beta]}$, che generalizza allo spazio-tempo di Minowski il simbolo di Levi-Civita dello spazio Euclideo tridimensionale, e che è definito come segue:

$$\epsilon^{\mu\nu\alpha\beta} = \begin{cases} +1, & \mu\nu\alpha\beta \quad \text{permutazione pari di 1234,} \\ -1, & \mu\nu\alpha\beta \quad \text{permutazione dispari di 1234,} \\ 0, & \text{due indici uguali,} \end{cases} \qquad (5.17)$$

con la normalizzazione

$$\epsilon^{1234} = 1, \qquad\qquad \epsilon_{1234} = -1. \qquad (5.18)$$

La verifica che queste due equazioni tensoriali riproducono esattamente le ordinarie equazioni di Maxwell costituisce un utile esercizio. Cominciamo dall'Eq. (5.15). Ponendo $\mu = 4$, e ricordando le definizioni (5.5) e (5.14), otteniamo l'equazione per la divergenza del campo elettrico:

$$\partial_i F^{4i} = \partial_i E^i \equiv \boldsymbol{\nabla} \cdot \mathbf{E} = 4\pi\rho. \qquad (5.19)$$

Inoltre, ponendo $\mu = i$, abbiamo:

$$\partial_j F^{ij} + \partial_4 F^{i4} = \epsilon^{ijk}\partial_j B_k - \partial_4 E^i$$
$$= (\boldsymbol{\nabla} \times \mathbf{B})^i - \frac{1}{c}\frac{\partial E^i}{\partial t} = \frac{4\pi}{c} J^i, \qquad (5.20)$$

che corrisponde alla componente i-esima dell'equazione vettoriale

$$\boldsymbol{\nabla} \times \mathbf{B} = \frac{4\pi}{c}\mathbf{J} + \frac{1}{c}\frac{\partial \mathbf{E}}{\partial t}. \qquad (5.21)$$

Consideriamo poi l'Eq. (5.16), e ricordiamo che la contrazione di una coppia di indici antisimmetrici con una coppia di indici simmetrici è identicamente nulla (si veda l'Eq. (3.48)). L'Eq. (5.16) è dunque equivalente alla condizione

$$\partial_{[\nu}F_{\alpha\beta]} = 0. \tag{5.22}$$

Ci sono ora due possibilità da considerare.

Se tutti gli indici di questa equazione sono di tipo spaziale allora gli unici valori possibili per ν, α, β sono $1, 2, 3$ (perchè gli indici antisimmetrizzati non possono essere uguali). Usiamo la definizione (3.47) di parte completamente antisimmetrica, e inseriamo esplicitamente le componenti (5.1) del tensore $F_{\mu\nu}$, tenendo presente che $F_{ij} = -F_{ji}$. Otteniamo così l'equazione per la divergenza del campo magnetico,

$$\begin{aligned}
\partial_{[1}F_{23]} &= \frac{1}{3}\left(\partial_1 F_{23} + \partial_2 F_{31} + \partial_3 F_{12}\right) \\
&= \frac{1}{3}\left(\partial_1 B_1 + \partial_2 B_2 + \partial_3 B_3\right) \equiv \frac{1}{3}\boldsymbol{\nabla}\cdot\mathbf{B} = 0.
\end{aligned} \tag{5.23}$$

Se invece uno dei tre indici ν, α, β è uguale a 4, allora abbiamo un'equazione del tipo

$$\partial_{[i}F_{j4]} = 0. \tag{5.24}$$

Inserendo le componenti (5.1) di $F_{\mu\nu}$, e usando la proprietà di antismmetria $F_{\mu\nu} = -F_{\nu\mu}$, otteniamo la condizione:

$$\begin{aligned}
\partial_{[i}F_{j4]} &= \frac{1}{3}\left(\partial_i F_{j4} + \partial_j F_{4i} + \partial_4 F_{ij}\right) \\
&= \frac{1}{3}\left(\partial_i E_j - \partial_j E_i + \epsilon_{ijk}\partial_4 B^k\right) = 0.
\end{aligned} \tag{5.25}$$

Moltiplichiamo per $\epsilon^{ijl}/2$, sfruttando il risultato (5.11). Questo ci porta a

$$\frac{1}{2}\epsilon^{ijl}\left(\frac{\partial E_j}{\partial x^i} - \frac{\partial E_i}{\partial x^j}\right) + \frac{1}{c}\frac{\partial B^l}{\partial t} = 0, \tag{5.26}$$

che rappresenta la componente l-esima dell'equazione vettoriale

$$\boldsymbol{\nabla}\times\mathbf{E} = -\frac{1}{c}\frac{\partial\mathbf{B}}{\partial t}. \tag{5.27}$$

La coppia di equazioni tensoriali (5.15), (5.16) riproduce quindi, in forma compatta, l'insieme completo di equazioni di Maxwell (5.19), (5.21), (5.23), (5.27). È immediato verificare, usando il formalismo tensoriale, che tali equazioni mantengono la stessa forma in tutti i sistemi inerziali.

Supponiamo infatti che le equazioni di Maxwell (5.15), (5.16) siano valide in un sistema inerziale S, e consideriamo il sistema S' le cui coordinate x' sono collegate a quelle di S da un'arbitraria trasformazione di Lorentz, $x' = \Lambda x$. Trasformando il membro sinistro dell'Eq. (5.15) avremo, nel sistema S',

$$\begin{aligned}
\partial'_\nu F'^{\mu\nu} &= (\Lambda^{-1})^\gamma{}_\nu \Lambda^\mu{}_\alpha \Lambda^\nu{}_\beta \partial_\gamma F^{\alpha\beta} \\
&= \Lambda^\mu{}_\alpha \partial_\beta F^{\alpha\beta} \\
&= \Lambda^\mu{}_\alpha \frac{4\pi}{c}J^\alpha.
\end{aligned} \tag{5.28}$$

Ma $\Lambda^\mu{}_\alpha J^\alpha$ è proprio la corrente trasformata J'^μ, e quindi l'Eq. (5.15), espressa mediante le variabili del sistema S', conserva esattamente la forma che aveva nel sistema S:

$$\partial'_\nu F'^{\mu\nu} = \frac{4\pi}{c} J'^\mu. \tag{5.29}$$

Lo stesso risultato si ottiene trivialmente anche per l'altra equazione tensoriale (5.16) (o, equivalentemente, per la (5.22)). Infatti, come sottolineato nella Sez. 3.3, se un tensore è nullo in un sistema è nullo in tutti. Quindi, se nel sistema S è valida l'Eq. (5.22), nel sistema S' è valida l'equazione corrispondente

$$\partial'_{[\nu} F'_{\alpha\beta]} = 0, \tag{5.30}$$

che rappresenta le equazioni di Maxwell in questo nuovo sistema mantenendo la forma che le equazioni avevano nel sistema S.

5.2 Trasformazioni di Lorentz del campo elettrico e magnetico

L'uso del linguaggio tensoriale permette non solo di scrivere le equazioni di Maxwell in una forma compatta, ma anche di determinare facilmente le leggi di trasformazione del campo elettrico e magnetico da un sistema inerziale ad un altro.

Infatti, poichè le componenti dei campi $\mathbf{E}$ e $\mathbf{B}$ corrispondono alle componenti del tensore $F^{\mu\nu}$, le proprietà di trasformazione di questi campi seguono direttamente dalla regola di trasformazione tensoriale

$$F'^{\mu\nu} = \Lambda^\mu{}_\alpha \Lambda^\nu{}_\beta F^{\alpha\beta}, \tag{5.31}$$

per qualunque trasformazione di Lorentz data. Ricordando la definizione esplicita di $F^{\mu\nu}$ (si veda l'Eq. (5.5)) abbiamo allora

$$E'^i = F'^{4i} = \Lambda^4{}_\alpha \Lambda^i{}_\beta F^{\alpha\beta}, \tag{5.32}$$

per la trasformazione del campo elettrico, e

$$F'^{ij} = \Lambda^i{}_\alpha \Lambda^j{}_\beta F^{\alpha\beta}, \tag{5.33}$$

per la trasformazione delle componenti spaziali di $F^{\mu\nu}$, e quindi per la trasformazione del campo magnetico, definito da

$$B'_k = \frac{1}{2} \epsilon_{ijk} F'^{ij}. \tag{5.34}$$

Dalle equazioni precedenti appare chiaro che una trasformazione di Lorentz coinvolge in generale tutte le componenti di $F^{\mu\nu}$, e quindi "mescola" tra loro le componenti di $\mathbf{E}$ e $\mathbf{B}$. Passando da un riferimento ad un altro si possono così generare campi magnetici partendo da campi puramente elettrici, e viceversa.

Come semplice esempio di trasformazione di Lorentz possiamo considerare un *boost* lungo l'asse x, rappresentato dalla matrice Λ dell'Eq. (2.7). In questo caso le componenti di Λ diverse da zero sono le seguenti:

$$\Lambda^1{}_1 = \Lambda^4{}_4 = \gamma, \qquad \Lambda^1{}_4 = \Lambda^4{}_1 = -\gamma\frac{v}{c}, \qquad \Lambda^2{}_2 = \Lambda^3{}_3 = 1. \tag{5.35}$$

Per la trasformazione del campo elettrico abbiamo, dall'Eq. (5.32),

$$\begin{aligned}
E_1' &= \Lambda^4{}_\alpha \Lambda^1{}_\beta F^{\alpha\beta} = \Lambda^4{}_1 \Lambda^1{}_4 F^{14} + \Lambda^4{}_4 \Lambda^1{}_1 F^{41} \\
&= -\gamma^2 \frac{v^2}{c^2} E_1 + \gamma^2 E_1 \\
&= E_1;
\end{aligned} \tag{5.36}$$

$$\begin{aligned}
E_2' &= \Lambda^4{}_\alpha \Lambda^2{}_\beta F^{\alpha\beta} = \Lambda^4{}_1 F^{12} + \Lambda^4{}_4 F^{42} \\
&= \gamma\left(E_2 - \frac{v}{c} B_3\right);
\end{aligned} \tag{5.37}$$

$$\begin{aligned}
E_3' &= \Lambda^4{}_\alpha \Lambda^3{}_\beta F^{\alpha\beta} = \Lambda^4{}_1 F^{13} + \Lambda^4{}_4 F^{43} \\
&= \gamma\left(E_3 + \frac{v}{c} B_2\right).
\end{aligned} \tag{5.38}$$

Analogamente, dall'Eq. (5.33) abbiamo la trasformazione del campo magnetico,

$$\begin{aligned}
B_1' &= F'^{23} = \Lambda^2{}_\alpha \Lambda^3{}_\beta F^{\alpha\beta} = F^{23} \\
&= B_1;
\end{aligned} \tag{5.39}$$

$$\begin{aligned}
B_2' &= F'^{31} = \Lambda^3{}_\alpha \Lambda^1{}_\beta F^{\alpha\beta} = \Lambda^1{}_1 F^{31} + \Lambda^1{}_4 F^{34} \\
&= \gamma\left(B_2 + \frac{v}{c} E_3\right);
\end{aligned} \tag{5.40}$$

$$\begin{aligned}
B_3' &= F'^{12} = \Lambda^1{}_\alpha \Lambda^2{}_\beta F^{\alpha\beta} = \Lambda^1{}_1 F^{12} + \Lambda^1{}_4 F^{42} \\
&= \gamma\left(B_3 - \frac{v}{c} E_2\right).
\end{aligned} \tag{5.41}$$

L'esempio considerato mostra chiaramente che le componenti del campo elettrico e magnetico restano invariate lungo la direzione del moto relativo dei due sistemi (si vedano le equazioni (5.36) e (5.39)). Lungo le direzioni ortogonali al moto, invece, le componenti risultano dilatate dal fattore di Lorentz $\gamma > 1$, e mescolate in modo ciclico con le componenti della velocità e dell'altro campo.

Questo risultato è valido in generale per qualunque trasformazione di Lorentz, come si può verificare effettuando un *boost* con velocità arbitraria lungo una generica direzione spaziale (usando la matrice Λ definita nell'Eq. (2.32)), e calcolando le componenti trasformate E'_i, B'_k in accordo alle equazioni (5.32)–(5.34) (si veda la soluzione dell'Esercizio N.8).

La legge generale di trasformazione che si ottiene in questo modo si può presentare in forma compatta separando i campi nelle componenti parallele e ortogonali al moto, ossia ponendo

$$\mathbf{E} = \left(E_{||}, \mathbf{E}_\perp\right), \qquad \mathbf{B} = \left(B_{||}, \mathbf{B}_\perp\right). \tag{5.42}$$

I vettori $\mathbf{E}_\perp$, $\mathbf{B}_\perp$ a due componenti giacciono nel piano ortogonale a $\mathbf{v}$, mentre le componenti $E_{||}$, $B_{||}$ sono dirette lungo $\mathbf{v}$ e hanno modulo $\mathbf{E} \cdot \mathbf{v}/v$ e $\mathbf{B} \cdot \mathbf{v}/v$. La legge di trasformazione si può allora scrivere nella forma seguente:

$$E'_{||} = E_{||}, \qquad \mathbf{E}'_\perp = \gamma \left(\mathbf{E}_\perp + \frac{\mathbf{v}}{c} \times \mathbf{B}\right), \tag{5.43}$$

per il campo elettrico, e

$$B'_{||} = B_{||}, \qquad \mathbf{B}'_\perp = \gamma \left(\mathbf{B}_\perp - \frac{\mathbf{v}}{c} \times \mathbf{E}\right), \tag{5.44}$$

per il campo magnetico.

Per $\mathbf{v}$ diretto lungo x, in particolare, ritroviamo il risultato delle precedenti equazioni (5.36)–(5.41). Una semplice applicazione fisica di queste trasformazioni sarà presentata nella sezione seguente.

5.3 Campo di una particella carica in moto uniforme

Consideriamo una carica puntiforme e, ferma nell'origine di un sistema inerziale S', e supponiamo che S' si muova con velocità costante $\mathbf{v}$ rispetto al sistema S del laboratorio.

Nel sistema S' il campo magnetico è nullo ($\mathbf{B}' = 0$) perchè la carica è ferma, e il campo elettrico è di tipo Coulombiano, con componenti

$$E'_1 = \frac{ex'}{r'^3}, \qquad E'_2 = \frac{ey'}{r'^3}, \qquad E'_3 = \frac{ez'}{r'^3}, \tag{5.45}$$

dove

$$r'^3 = \left(x'^2 + y'^2 + z'^2\right)^{3/2}. \tag{5.46}$$

Quali sono i campi $\mathbf{E}$ e $\mathbf{B}$ nel sistema del laboratorio S, dove la carica è in moto con velocità costante?

La risposta è fornita dalle equazioni (5.43), (5.44).

Consideriamo innanzitutto il campo magnetico. Usando la condizione $\mathbf{B}' = 0$ l'Eq. (5.44) ci dice che nel sistema S il campo magnetico è nullo lungo la direzione di moto della carica, ($B_\parallel = 0$), mentre nel piano ortogonale al moto $\mathbf{B}$ è collegato al campo elettrico dalla relazione

$$\mathbf{B} = \frac{\mathbf{v}}{c} \times \mathbf{E}. \tag{5.47}$$

Sarà dunque sufficiente determinare il campo elettrico del sistema S per ottenere anche il corrispondente campo magnetico mediante il calcolo di un semplice prodotto vettoriale.

Per le componenti del campo elettrico usiamo l'equazione di trasformazione (5.43) scritta nella forma inversa (che si ottiene cambiando $\mathbf{v}$ in $-\mathbf{v}$ e scambiando i campi di S con quelli di S'):

$$E_\parallel = E'_\parallel, \qquad \mathbf{E}_\perp = \gamma \left(\mathbf{E}'_\perp - \frac{\mathbf{v}}{c} \times \mathbf{B}' \right). \tag{5.48}$$

La condizione $\mathbf{B}' = 0$ fornisce allora le trasformazioni

$$E_\parallel = E'_\parallel, \qquad \mathbf{E}_\perp = \gamma \mathbf{E}'_\perp, \tag{5.49}$$

dove le componenti di $\mathbf{E}'$ sono date dall'Eq. (5.45).

Per illustrare l'effetto del moto sul campo elettrico possiamo supporre che il moto della carica sia diretto lungo l'asse x (è sempre possibile fare questa ipotesi, orientando opportunamente gli assi dei due sistemi). In questo caso abbiamo

$$E_1 = E'_1, \qquad E_2 = \gamma E'_2, \qquad E'_3 = \gamma E'_3, \tag{5.50}$$

e le coordinate dei due sistemi sono collegate dalla ben nota trasformazione

$$x' = \gamma \left(x - vt \right), \qquad y' = y, \qquad z' = z. \tag{5.51}$$

Usiamo la forma esplicita del campo Coulombiano (5.45), ed esprimiamo il campo della carica in moto mediante le coordinate $(\mathbf{x}, t)$ del sistema S. L'Eq. (5.50) fornisce allora per $\mathbf{E}$ il seguente risultato:

$$E_1(\mathbf{x}, t) = \frac{ex'}{r'^3} = \frac{e\gamma(x - vt)}{\left[\gamma^2 \left(x - vt \right)^2 + y^2 + z^2 \right]^{3/2}},$$

$$E_2(\mathbf{x}, t) = \gamma \frac{ey'}{r'^3} = \frac{e\gamma y}{\left[\gamma^2 \left(x - vt \right)^2 + y^2 + z^2 \right]^{3/2}},$$

$$E_3(\mathbf{x}, t) = \gamma \frac{ez'}{r'^3} = \frac{e\gamma z}{\left[\gamma^2 \left(x - vt \right)^2 + y^2 + z^2 \right]^{3/2}}. \tag{5.52}$$

Il campo magnetico $\mathbf{B}(\mathbf{x}, t)$ si ottiene immediatamente da queste equazioni applicando l'Eq. (5.47).

Il campo ottenuto non è statico (come è ovvio, visto che la posizione della carica varia nel tempo). Inoltre, non è a simmetria sferica (a differenza del campo Coulombiano di una carica puntiforme ferma). Per valutare la "deformazione" di **E** prodotta dal moto possiamo prendere una "foto istantanea" del campo in moto al tempo $t = 0$, e confrontarne l'intensità (lungo varie direzioni) con quella del campo a riposo.

All'istante fissato $t = 0$ le tre componenti dll'Eq. (5.52) si possono combinare in un'unica espressione vettoriale,

$$\mathbf{E}(\mathbf{x}, t = 0) = \frac{e\gamma\mathbf{x}}{[\gamma^2 x^2 + y^2 + z^2]^{3/2}}, \tag{5.53}$$

che rappresenta un campo Coulombiano deformato dalla presenza del fattore di Lorentz γ. Se la carica è ferma si ha $\gamma = 1$, e l'intensità del campo a distanza R dall'origine è pari a e/R^2 lungo qualunque direzione. Se la carica è in movimento, invece, il campo è dotato di una simmetria assiale attorno alla direzione del moto, e le linee di forza tendono a concentrarsi sul piano ortogonale al moto.

Infatti, se ci mettiamo a distanza R dall'origine lungo la direzione del moto (ponendo nell'Eq. (5.53) $x = R$, $y = z = 0$), otteniamo un campo di intensità:

$$E_1\left(\mathbf{x}, t = 0\right)\Big|_{x=R, y=z=0} = \left(\frac{e}{\gamma x^2}\right)_{x=R} = \frac{e}{R^2}\sqrt{1 - \frac{v^2}{c^2}}. \tag{5.54}$$

L'intensità del campo lungo il moto è "contratta" rispetto al campo Coulombiano e/R^2. Se invece ci mettiamo a distanza R in direzione ortogonale al moto (ad esempio, lungo l'asse y), otteniamo:

$$E_2\left(\mathbf{x}, t = 0\right)\Big|_{y=R, x=z=0} = \left(\frac{e\gamma}{y^2}\right)_{y=R} = \frac{e}{R^2}\frac{1}{\sqrt{1 - v^2/c^2}} \tag{5.55}$$

(lo stesso risultato vale per l'asse z). L'intensità in direzione perpendicolare al moto è quindi "dilatata" rispetto al caso Coulombiano.

Possiamo notare, in particolare, che per $v \to c$ la componente longitudinale del campo elettrico tende a sparire (si veda l'Eq. (5.54)), e che il modulo di **E** e quello di **B** tendono a coincidere (si veda l'Eq. (5.47)). In questo limite abbiamo allora due campi ortogonali tra loro, di modulo approssimativamente uguale, che tendono a essere entrambi confinati sul piano ortogonale al moto: il campo della carica in moto approssima dunque, per $v \to c$, quello di un'onda elettromagnetica piana.

5.4 Quadrivettore potenziale ed invarianza di *gauge*

La relazione (5.7), che collega il campo elettromagnetico $F_{\mu\nu}$ al potenziale A_μ, rimane invariata se al quadrivettore potenziale viene aggiunto il gradiente covariante di un'arbitrara funzione scalare $f(x)$,

$$A_\mu \to \widetilde{A}_\mu = A_\mu + \partial_\mu f(x). \tag{5.56}$$

Infatti:

$$\begin{aligned}
\widetilde{F}_{\mu\nu} &= \partial_\mu \widetilde{A}_\nu - \partial_\nu \widetilde{A}_\mu \\
&= \partial_\mu A_\nu - \partial_\nu A_\mu + \partial_\mu \partial_\nu f - \partial_\nu \partial_\mu f \\
&\equiv F_{\mu\nu}
\end{aligned} \tag{5.57}$$

(gli ultimi due termini si cancellano perchè le derivate parziali commutano, e quindi $\partial_\mu \partial_\nu f$ è un tensore simmetrico, $\partial_\mu \partial_\nu f = \partial_\nu \partial_\mu f$).

La trasformazione (5.56) viene detta "trasformazione di *gauge*", e l'invarianza del campo $F_{\mu\nu}$ – e quindi delle equazioni di Maxwell (5.15), (5.16) – rispetto a questa trasformazione viene detta "invarianza di *gauge*". Questa proprietà di invarianza permette di semplificare le equazioni elettromagnetiche quando queste vengono espresse mediante il potenziale.

Possiamo osservare, innanzitutto, che l'equazione di Maxwell (5.16) è un'identità che segue automaticamente dalla definizione di F in funzione di A, e che vale sempre per qualunque potenziale. Dall'Eq. (5.7) abbiamo, infatti,

$$\partial_\alpha F_{\mu\nu} = \partial_\alpha \partial_\mu A_\nu - \partial_\alpha \partial_\nu A_\mu. \tag{5.58}$$

Se prendiamo la parte completamente antisimmetrica di questa equazione entrmabi i termini del membro destro sono separatamente nulli,

$$\partial_{[\alpha} \partial_\mu A_{\nu]} = 0, \qquad \partial_{[\alpha} \partial_\nu A_{\mu]} = 0, \tag{5.59}$$

(per la proprietà di simmetria del tensore $\partial_\alpha \partial_\mu = \partial_\mu \partial_\alpha$), e questo implica automaticamente l'equazione $\partial_{[\alpha} F_{\mu\nu]} = 0$.

Consideriamo ora l'equazione di Maxwell (5.15), ed esprimiamola in funzione del potenziale:

$$\partial_\nu \left(\partial^\mu A^\nu - \partial^\nu A^\mu \right) = \frac{4\pi}{c} J^\mu. \tag{5.60}$$

Se il potenziale soddisfa alla condizione di quadri-divergenza nulla,

$$\partial_\nu A^\nu = 0 \tag{5.61}$$

(detta condizione di Lorenz[1], o "*gauge* di Lorenz"), l'Eq. (5.60) si semplifica considerevolmente, e si riduce a

$$\partial_\nu \partial^\nu A^\mu \equiv \Box A^\mu = -\frac{4\pi}{c} J^\mu, \tag{5.62}$$

---

[1] Si tratta del fisico danese *Ludvig Lorenz*, da non confondersi col più famoso *Hendrik Lorentz*, olandese, da cui hanno preso il nome le trasformazioni tra le coordinate dei sistemi inerziali.

dove

$$\Box \equiv \partial_\nu \partial^\nu = \eta^{\mu\nu} \partial_\mu \partial_\nu = \nabla^2 - \frac{1}{c^2} \frac{\partial^2}{\partial t^2} \tag{5.63}$$

è il cosiddetto operatore di D'Alembert.

Se il potenziale A_μ considerato non soddisfa la condizione di Lorenz (5.61) possiamo sempre sostituirlo con un nuovo potenziale $\widetilde{A}_\mu$ che invece la soddisfa, grazie all'invarianza delle equazioni per trasformazioni di *gauge*. Basta considerare, infatti, una trasformazione di *gauge* di tipo (5.56), e prendere una funzione scalare f che obbedisce alla condizione

$$\Box f = -\partial^\mu A_\mu. \tag{5.64}$$

Il nuovo potenziale $\widetilde{A}_\mu$ risulta allora a divergenza nulla, qualunque sia il potenziale di partenza:

$$\partial^\mu \widetilde{A}_\mu = \partial^\mu \left(A_\mu + \partial_\mu f \right) = \partial^\mu A_\mu + \Box f \equiv 0. \tag{5.65}$$

Questa equazione ci dice che è anche possibile passare da un potenziale ad un altro senza violare la condizione sulla divergenza, effettuando trasformazioni di *gauge* generate da una funzione f tale che $\Box f = 0$.

Grazie a all'invarianza *gauge* le componenti indipendenti del quadrivettore potenziale A_μ, per un campo elettromagnetico libero che si propaga nel vuoto, si riducono da 4 a 2, e si possono sempre orientare nel piano trasversale alla direzione di propagazione.

Nel vuoto, infatti, un potenziale elettromagnetico a divergenza nulla soddisfa le condizioni differenziali

$$\Box A^\mu = 0, \qquad\qquad \partial_\mu A^\mu = 0. \tag{5.66}$$

Consideriamo una soluzione particolare (ritardata) dell'equazione d'onda di D'Alembert, $A^\mu = A^\mu(x - ct)$, che descrive un campo che si propaga con velocità c lungo l'asse x. In questo caso

$$\frac{\partial A^\mu}{\partial x} = -\frac{1}{c} \frac{\partial A^\mu}{\partial t}. \tag{5.67}$$

La condizione di Lorenz si riduce allora a

$$\partial_\mu A^\mu = \partial_1 A^1 + \partial_4 A^4 = \partial_1 \left(A^1 - A^4 \right) = 0, \tag{5.68}$$

ed implica $A^1 = A^4$, modulo una costante di integrazione che non descrive un campo dinamico, e che si può sempre annullare con un'opportuna scelta delle condizioni iniziali.

La componente del campo longitudinale A^1, d'altra parte, si può a sua volta annullare effettuando una trasformazione di *gauge* che preserva la condizione di Lorenz (5.68), e che è generata da una funzione f tale che

$$\widetilde{A}^1 = A^1 + \partial^1 f = 0, \qquad \Box f = 0. \tag{5.69}$$

Si arriva così ad un potenziale che ha $\widetilde{A}^1 = \widetilde{A}^4 = 0$, e due sole componenti diverse da zero localizzate nel piano ortogonale alla direzione del moto:

$$\widetilde{A}^\mu = \left(0, \widetilde{A}^2, \widetilde{A}^3, 0\right). \tag{5.70}$$

Questo risultato è valido in generale, per qualunque direzione di propagazione, e rappresenta un'importante conseguenza dell'invarianza di *gauge* della teoria elettromagnetica. Essa implica che le onde elettromagnetiche nel vuoto siano caratterizzate da una polarizzazione di tipo trasversale, con due soli stati di polarizzazione linearmente indipendenti, e che i "quanti" del campo – i fotoni – corrispondano a particelle con massa nulla ed elicità ± 1.

5.5 Quadrivettore densità di corrente

Ritorniamo ora alle equazioni di Maxwell in presenza di sorgenti, e ricordiamo che il quadrivettore densità di corrente (5.14), per una distribuzione di cariche con densità $\rho(x)$ in moto lungo la traiettoria $x^\mu = x^\mu(t)$, si può scrivere in generale come segue:

$$J^\mu = (\rho\mathbf{v}, \rho c) = \rho\frac{dx^\mu}{dt}. \tag{5.71}$$

È istruttivo verificare esplicitamente che questo oggetto tensoriale possiede le corrette proprietà di trasformazione.

A questo proposito ricordiamo che la carica elettrica q è invariante per trasformazioni di Lorentz, per cui l'espressione infinitesima $dq = \rho d^3 x$ è uno scalare. Ne consegue che la quantità $dq dx^\mu$ si trasforma come un quadrivettore,

$$(dq\, dx^\mu)' = dq\Lambda^\mu{}_\nu dx^\nu. \tag{5.72}$$

D'altra parte, se ci mettiamo lungo la traiettoria $x^\mu(t)$ del corpo carico, abbiamo $dx^\mu = (dx^\mu/dt)dt$, e anche:

$$dq\, dx^\mu = \rho d^3 x\, dt\frac{dx^\mu}{dt} = \frac{1}{c}\, d^4 x\, \rho\frac{dx^\mu}{dt} = \frac{1}{c}\, d^4 x J^\mu. \tag{5.73}$$

Il membro sinistro di questa equazione è un quadrivettore, quindi anche il membro destro deve essere tale. Ma l'elemento di quadrivolume $d^4 x$ è invariante per le trasformazioni del gruppo di Lorentz ristretto, perchè il determinante Jacobiano della trasformazione, $|\partial x'/\partial x|$, per definizione è pari a 1:

$$d^4 x \to d^4 x' = \left|\frac{\partial x'}{\partial x}\right| d^4 x = \det \Lambda\, d^4 x = d^4 x. \tag{5.74}$$

Ne consegue che la definizione di J^μ fornita dall'Eq. (5.71) corrisponde corettamente a quella di un oggetto tensoriale di rango uno, come anticipato.

5.5.1 Esempio: carica puntiforme

Per una carica puntiforme e, in moto lungo la traiettoria descritta dal vettore posizione $\boldsymbol{\xi} = \boldsymbol{\xi}(t)$, la densità di carica è data da

$$\rho(\mathbf{x}, t) = e\delta^3\left(\mathbf{x} - \boldsymbol{\xi}(t)\right), \tag{5.75}$$

dove il simbolo δ^3 indica la distribuzione delta di Dirac che localizza la carica in funzione del tempo lungo la traiettoria nello spazio tridimensionale. La carica totale, ovviamente, è pari a e:

$$\int_{-\infty}^{+\infty} \rho(x)d^3x = e. \tag{5.76}$$

Il quadrivettore densità di corrente, in accordo alla definizione (5.71), è allora il seguente:

$$J^\mu(\mathbf{x}, t) = e\delta^3\left(\mathbf{x} - \boldsymbol{\xi}(t)\right)\frac{d\xi^\mu}{dt}, \tag{5.77}$$

dove abbiamo post $\xi^\mu = (\boldsymbol{\xi}, ct)$.

Utilizzando le proprietà della distribuzione delta di Dirac questo quadrivettore può essere messo in una forma esplicitamente covariante, che risulta utile in numerose applicazioni.

Consideriamo a tale scopo l'identità

$$\begin{aligned}
J^\mu(\mathbf{x}, t) &= \int dt'\delta(t - t')J^\mu(\mathbf{x}, t') \\
&= e\int dt'\delta(t - t')\delta^3\left(\mathbf{x} - \boldsymbol{\xi}(t')\right)\frac{d\xi^\mu}{dt'},
\end{aligned} \tag{5.78}$$

dove è sottinteso che l'integrale si estende da $-\infty$ a $+\infty$. Moltiplichiamo e dividiamo per c, sfruttando la proprietà $\delta(ct) = \delta(t)/c$, e introduciamo la distribuzione delta definita sullo spazio-tempo di Minkwski a quattro dimensioni,

$$\delta^4(x) = \delta^3(\mathbf{x})\delta(ct). \tag{5.79}$$

L'Eq. (5.78) si può allora riscrivere come

$$J^\mu(\mathbf{x}, t) = ec\int dt'\delta^4\left(x - \xi(t')\right)\frac{d\xi^\mu}{dt'}. \tag{5.80}$$

Cambiamo infine la variabile di integrazione, sostituendo la generica coordinata temporale t' con il tempo proprio τ che parametrizza la traiettoria della carica in modo covariante, $\xi^\mu = \xi^\mu(\tau)$. Arriviamo così all'espressione finale

$$J^\mu(x) = ec\int d\tau\delta^4\left(x - \xi(\tau)\right)u^\mu, \tag{5.81}$$

dove $u^\mu = d\xi^\mu/d\tau$ è la quadri-velocità della carica. Il parametro τ è uno scalare, la distribuzione $\delta^4(x)$ si comporta come uno scalare rispetto alle trasformazioni del gruppo di Lorentz ristretto (perchè lo Jacobiano è triviale, $|\partial x'/\partial x| = 1$), e quindi l'Eq. (5.81) definisce il quadrivettore corrente in forma esplicitamente covariante.

5.5.2 Divergenza covariante e conservazione della carica

La densità di corrente che fa da sorgente alle equazioni di Maxwell soddisfa la condizione di divergenza covariante nulla,

$$\partial_\mu J^\mu \equiv \boldsymbol{\nabla} \cdot \mathbf{J} + \frac{\partial \rho}{\partial t} = 0. \tag{5.82}$$

Tale proprietà è necessaria affinchè le equazioni di Maxwell siano consistenti: prendendo la divergenza del membro sinistro dell'Eq. (5.15) abbiamo infatti un risultato automaticamente nullo,

$$\partial_\mu \partial_\nu F^{\mu\nu} = \partial_{(\mu} \partial_{\nu)} F^{[\mu\nu]} \equiv 0 \tag{5.83}$$

(perchè dobbiamo effettuare la contrazione di un tensore simmetrico con uno antisimmetrico, si veda l'Eq. (3.48)). Per consistenza deve dunque essere nulla la divergenza del membro destro, ossia di J^μ.

È ben noto, nella teoria elettromagnetica, che l'equazione di continuità (5.82) implica la conservazione della carica elettrica, come si può verificare mediante un'elementare applicazione del teorema di Gauss. Lo stesso risultato si ottiene utilizzando il linguaggio tensoriale dello spazio-tempo di Minkowski $\mathcal{M}_4$, partendo dalla versione del teorema di Gauss esteso a $\mathcal{M}_4$, che si può formulare come segue:

$$\int_\Omega d^4x\, \partial_\mu J^\mu = \int_{\partial\Omega} J^\mu dS_\mu. \tag{5.84}$$

L'integrale della quadri-divergenza di J è fatto su di una porzione di spazio-tempo Ω a quattro dimensioni, e viene trasformato in un integrale di flusso del quadrivettore J sull'ipersuperficie (a tre dimensioni) che rappresenta il bordo $\partial\Omega$ della regione spazio-temporale considerata. Il quadrivettore dS_μ rappresenta l'elemento infinitesimo di ipersuperficie sul bordo $\partial\Omega$.

Per definire la carica conservata associata a J^μ prendiamo una porzione Ω di $\mathcal{M}_4$ che si estende all'infinito lungo le tre dimensioni spaziali (si veda la Fig. 5.1), e che è limitato lungo la direzione temporale da due iperpiani paralleli Σ_1 e Σ_2, Euclidei e tridimensionali, di tipo spazio (cioè con versore normale n^μ di tipo tempo, $n_\mu n^\mu = -1$).

Integrando l'equazione di continuità $\partial_\mu J^\mu = 0$ sulla regione Ω, applicando il teorema di Gauss, e assumendo che la corrente J^μ sia prodotta da sorgenti

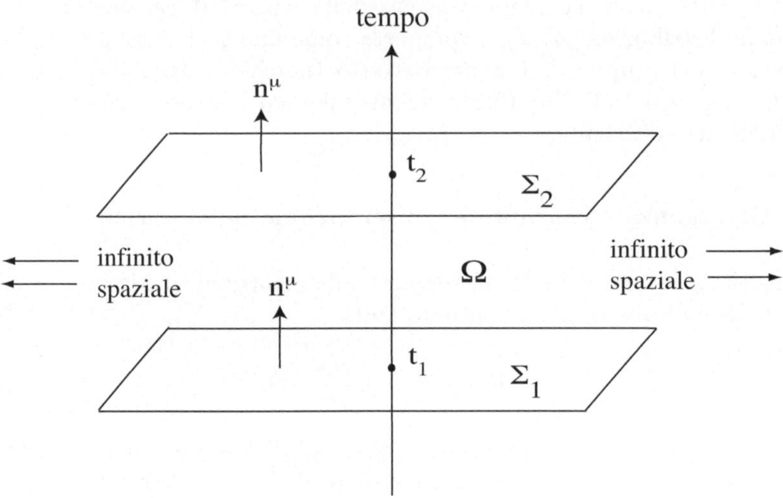

Figura 5.1. La porzione di spazio-tempo Ω è delimitata dai due iperpiani tridimensionali Σ_1 e Σ_2 che si estendono spazialmente all'infinito

cariche localizzate a distanza finita dall'origine (e quindi che $J^\mu \to 0$, in modo sufficientemente rapido, per $x \to \pm\infty$), otteniamo allora:

$$0 = \int_\Omega d^4x\, \partial_\mu J^\mu = \int_{\partial\Omega} J^\mu dS_\mu = \int_{\Sigma_2} J^\mu dS_\mu - \int_{\Sigma_1} J^\mu dS_\mu. \tag{5.85}$$

Il segno opposto dei due integrali a secondo membro è dovuto al fatto che, per il teorema di Gauss, dobbiamo valutare su $\partial\Omega$ il flusso di J^μ "uscente" da Ω, ossia il flusso orientato lungo la normale in direzione esterna al bordo.

L'Eq. (5.85) ci dice che il flusso di J^μ non dipende dall'ipersuperficie considerata, e quindi che il corrispondente integrale definisce una quantità conservata. Possiamo valutare, in particolare, il prodotto $J^\mu dS_\mu$ nel riferimento di un osservatore inerziale la cui quadri-velocità è parallela a n^μ. In questo sistema $n^\mu = \delta_4^\mu$, $dS_4 = d^3x$, $dS_i = 0$, e gli iperpiani Σ_1, Σ_2 sono ipersuperfici a $t = $ costante che intersecano rispettivamente l'asse temporale nei punti t_1 e t_2. Dall'Eq. (5.85), dividendo per c, otteniamo allora

$$\frac{1}{c}\int_{\Sigma_2} J^\mu dS_\mu = \frac{1}{c}\int_{t=t_2} J^4 d^3x = q(t_2)$$

$$= \frac{1}{c}\int_{\Sigma_1} J^\mu dS_\mu = \frac{1}{c}\int_{t=t_1} J^4 d^3x = q(t_1), \tag{5.86}$$

dove

$$q(t_i) = \int_{t=t_i} \rho d^3x, \qquad i = 1, 2 \tag{5.87}$$

è la carica totale presente al tempo t_i, ottenuta integrando su tutto lo spazio. Poichè $q(t_1) = q(t_2)$, e poichè la scelta delle ipersuperfici Σ_1 e Σ_2 è completamente arbitraria, la quantità q non dipende dal tempo, ed e quindi conservata.

5.6 Lagrangiana di Maxwell: formalismo variazionale covariante

Concludiamo il capitolo mostrando che l'equazione di Maxwell (5.15) può essere derivata mediante il principio di minima azione applicando una procedura variazionale covariante, e partendo da un'opportuna densità di Lagrangiana detta, appunto, Lagrangiana di Maxwell.

A questo proposito ricordiamo, innanzitutto, che la dinamica di un sistema continuo rappresentato da un generico campo $\psi(x)$ è controllata dal funzionale d'azione S, che si ottiene integrando su di un dominio spazio-temporale Ω la densità di Lagrangiana $\mathcal{L}$, funzione dal campo e dei suoi gradienti:

$$S = \int_\Omega d^4x\, \mathcal{L}(\psi, \partial\psi, x). \tag{5.88}$$

Le equazioni del moto per ψ si ottengono imponendo che l'azione risulti stazionaria rispetto a variazioni infinitesime del campo effettuate a x fissato,

$$\psi(x) \to \psi'(x) = \psi(x) + \delta\psi(x), \tag{5.89}$$

e sottoposte alla condizione di essere nulle sul bordo $\partial\Omega$ della regione di integrazione:

$$\delta\psi\big|_{\partial\Omega} = 0. \tag{5.90}$$

Consideriamo dunque la variazione infinitesima dell'azione indotta dalla variazione del campo (5.89). Supponendo che $\mathcal{L}$ non contenga derivate di ψ di ordine superiore al primo[2] otteniamo:

$$\delta S = \int_\Omega d^4x \left[\frac{\partial\mathcal{L}}{\partial\psi}\delta\psi + \frac{\partial\mathcal{L}}{\partial(\partial_\mu\psi)}\delta(\partial_\mu\psi) \right]. \tag{5.91}$$

Poichè la variazione (5.89) è definita ad x fissato, essa commuta con le derivate parziali del campo, ossia:

$$\delta(\partial_\mu\psi) = \partial_\mu\psi' - \partial_\mu\psi = \partial_\mu(\delta\psi). \tag{5.92}$$

Integrando per parti il secondo termine dell'Eq. (5.91) abbiamo allora

---

[2] Il calcolo si può però estendere facilmente a Lagrangiane contenenti derivate di ordine arbitrario, $\mathcal{L} = \mathcal{L}(\psi, \partial^n\psi)$.

$$\delta S = \int_{\Omega} d^4x \left[\frac{\partial \mathcal{L}}{\partial \psi} - \partial_\mu \frac{\partial \mathcal{L}}{\partial(\partial_\mu \psi)} \right] \delta \psi + \int_{\Omega} d^4x\, \partial_\mu \left[\frac{\partial \mathcal{L}}{\partial(\partial_\mu \psi)} \delta \psi \right]. \tag{5.93}$$

Usiamo ora il teorema di Gauss per trasformare l'ultimo integrale, che contiene una quadri-divergenza, in un integrale di flusso (del quadrivettore definito nella parentesi quadra) sul bordo $\partial \Omega$ della regione considerata. Poichè il quadrivettore di cui calcoliamo il flusso è proporzionale a $\delta \psi$, l'integrale di bordo risulta nullo in virtù della condizione (5.90). L'azione risulta dunque stazionaria ($\delta S = 0$), per qualunque variazione $\delta \psi$ del campo, purchè siano soddisfatte le cosiddette equazioni di Eulero-Lagrange:

$$\partial_\mu \frac{\partial \mathcal{L}}{\partial(\partial_\mu \psi)} = \frac{\partial \mathcal{L}}{\partial \psi}. \tag{5.94}$$

Possiamo ritornare adesso al caso del campo elettromagnetico, e osservare che le equazioni del moto per questo campo sono equazioni differenziali del secondo ordine per il potenziale vettore A_ν. Esse potranno essere ottenute come equazioni di Eulero-Lagrange, mediante il principio variazionale, partendo dunque da una densità di Lagrangiana che è quadratica nelle derivate prime del potenziale, $\mathcal{L} \sim (\partial A)^2$.

Inoltre, poichè le equazioni del moto devono contenere i campi elettrici e magnetici, dovremo usare nella Lagrangiana la combinazione di derivate antisimmetrizzate che definisce tali campi, ossia $2\partial_{[\mu} A_{\nu]} = F_{\mu\nu}$, in accordo all'Eq. (5.7). Normalizzando il termine cinetico in modo consistente con le nostre unità di misura, e includendo il termine di interazione con la corrente J^ν delle sorgenti cariche, arriviamo così alla seguente Lagrangiana di Maxwell,

$$\mathcal{L} = -\frac{1}{16\pi} (\partial_\mu A_\nu - \partial_\nu A_\mu)(\partial^\mu A^\nu - \partial^\nu A^\mu) + \frac{J^\nu}{c} A_\nu, \tag{5.95}$$

che dipende dal campo vettoriale A_ν e dalle sue derivate prime al quadrato.

I risultati del metodo variazionale precedente – e in particolare le equazioni di Eulero-Lagrange (5.94) – si possono ora direttamente applicare al caso del campo elettromagnetico con la sostituzione $\psi \to A_\nu$. Per le equazioni del moto abbiamo, in particolare,

$$\frac{\partial \mathcal{L}}{\partial A_\nu} = \frac{J^\nu}{c}, \tag{5.96}$$

$$\frac{\partial \mathcal{L}}{\partial(\partial_\mu A_\nu)} = -\frac{1}{16\pi} \frac{\partial}{\partial(\partial_\mu A_\nu)} \left[2\partial_\mu A_\nu F^{\mu\nu} + 2F^{\mu\nu} \partial_\mu A_\nu \right]$$

$$= -\frac{1}{4\pi} F^{\mu\nu}, \tag{5.97}$$

e quindi le equazioni di Eulero-Lagrange per il campo vettoriale A_ν si riducono alle seguenti:

$$\partial_\mu F^{\mu\nu} = -\frac{4\pi}{c} J^\nu. \tag{5.98}$$

Scambiando gli indici μ, ν, e usando l'antisimmetria del tensore del campo elettromagnetico, $F^{\mu\nu} = -F^{\nu\mu}$, ritroviamo esattamente le equazioni di Maxwell (5.15).

6

Dinamica relativistica

In quest'ultimo capitolo presenteremo le basi della dinamica relativistica del punto materiale, partendo dall'usuale approccio Lagrangiano e applicandolo ad un'azione Lorentz-invariante. Le equazioni del moto che si ottengono verranno scritte in forma tensoriale, esplicitamente covariante, e saranno usate per discutere alcuni esempi di rilevante interesse applicativo: le traiettorie di particelle cariche sottoposte a intensi campi elettromagnetici, e la conservazione del quadrivettore impulso negli urti elastici relativistici.

Cominciamo ricordando che la dinamica del punto materiale è descritta in generale dall'azione

$$S = \int_{t_1}^{t_2} L(\mathbf{x}, \dot{\mathbf{x}})dt, \tag{6.1}$$

dove L è un'opportuna Lagrangiana, l'integrale è fatto rispetto alla variabile temporale che parametrizza la traiettoria, e il punto indica la derivata rispetto a tale variabile. La Lagrangiana è un funzionale che dipende dalla posizione $\mathbf{x}$ e dalla velocità $\dot{\mathbf{x}}$ dell'oggetto puntiforme considerato, entrambe calcolate lungo la traiettoria $\mathbf{x}(t)$ del suo moto.

Nel contesto della meccanica Newtoniana la Lagrangiana si può scrivere come differenza tra energia cinetica ed energia potenziale (modulo arbitrarie costanti additive o moltiplicative, irrilevanti da un punto di vista dinamico), e per una particella puntiforme di massa m assume la ben nota forma

$$L = \frac{1}{2}m\,|\dot{\mathbf{x}}|^2 - V(\mathbf{x}), \tag{6.2}$$

dove

$$|\dot{\mathbf{x}}|^2 = \dot{x}^i \dot{x}_i, \qquad \dot{x}^i = \frac{dx^i}{dt} \equiv v^i \tag{6.3}$$

(e dove abbiamo supposto, per semplicità, che l'energia potenziale V dipenda dalla posizione ma non dalla velocità).

In questo caso, seguendo l'ordinaria procedura della meccanica analitica, e definendo l'impulso $\mathbf{p}$ della particella come il momento canonicamente coniugato alla variabile posizione, otteniamo

$$p_i = \frac{\partial L}{\partial \dot{x}^i} = m v_i. \tag{6.4}$$

Imponendo che l'azione risulti stazionaria per variazioni infinitesime della traiettoria, $x(t) \to x(t) + \delta x(t)$, effettuate ad estremi fissi, $\delta x(t_1) = 0 = \delta x(t_2)$, arriviamo inoltre alle equazioni del moto di Eulero-Lagrange,

$$\frac{d}{dt}\frac{\partial L}{\partial \dot{x}^i} = \frac{\partial L}{\partial x^i}, \tag{6.5}$$

che in questo caso forniscono

$$\frac{d}{dt}p_i = -\partial_i V, \tag{6.6}$$

ossia, in forma esplicitamente vettoriale,

$$m\frac{d\mathbf{v}}{dt} = -\boldsymbol{\nabla} V. \tag{6.7}$$

Effettuando un'opportuna trasformazione di Lengendre otteniamo infine l'Hamiltoniana,

$$H = p^i v_i - L, \tag{6.8}$$

che per la particella non relativistica descritta dalla Lagrangiana (6.2) rappresenta l'energia totale, e che – scritta in funzione dell'impulso (6.4) – assume la forma canonica

$$H = \frac{p^2}{2m} + V. \tag{6.9}$$

Chiediamoci ora come si modificano questi risultati nell'ambito di una dinamica relativistica fondata sulle trasformazioni di Lorentz, e consideriamo, innanzitutto, il semplice caso di una particella massiva libera.

6.1 Particella libera, massiva e puntiforme

Il moto di un oggetto puntiforme descrive nello spazio-tempo una traiettoria uni-dimensionale $x^\mu = x^\mu(t)$, detta "linea d'universo", e l'azione che descrive l'evoluzione libera dell'oggetto puntiforme è proporzionale alla *lunghezza propria* di questa traiettoria, valutata tra due estremi fissi dati.

Per calcolare tale lunghezza prendiamo la distanza spazio-temporale propria tra due punti della traiettoria infinitamente vicini, $ds = |dx_\mu dx^\mu|^{1/2}$, ed effettuiamo l'integrale di linea di questa distanza tra i due estremi della traiettoria. Abbiamo allora

$$S \sim \int_a^b ds = \int_a^b \sqrt{-dx_\mu dx^\mu}. \tag{6.10}$$

Il segno negativo sotto radice è dovuto all'ipotesi che l'oggetto considerato si muova con velocità inferiore a c, e che il suo spostamento infinitesimo dx^μ sia dunque un quadrivettore di tipo tempo, $dx_\mu dx^\mu < 0$ (si veda la Sez. 3.4.1).

Normalizziamo infine l'azione (6.10) imponendo che abbia le corrette dimensioni di [energia] $\times$ [tempo], e che riproduca, nel limite non-relativistico, il termine cinetico della Lagrangiana (6.2). Arriviamo così all'espressione

$$S = -mc \int_a^b ds = -mc \int_a^b \sqrt{-\eta_{\mu\nu}dx^\mu dx^\nu}, \qquad (6.11)$$

dove m è la massa a riposo della particella considerata. Questa azione è chiaramente invariante per trasformazioni di Lorentz (perchè ds, m e c sono scalari), ed inoltre corrisponde ad un impulso canonico che è consistente con la cinematica relativistica introdotta nel Capitolo 4.

Consideriamo infatti una traiettoria $x^\mu(t)$, parametrizzata dalla coordinata temporale t di un generico sistema inerziale. Lungo questa traiettoria abbiamo $d\mathbf{x} = \mathbf{v}dt$, $dx^4 = cdt$, e l'azione (6.11) assume la forma

$$S = -mc \int_a^b \sqrt{c^2 dt^2 - |d\mathbf{x}|^2} = -mc^2 \int_{t_1}^{t_2} \sqrt{1 - \frac{v^2}{c^2}}\, dt. \qquad (6.12)$$

Il confronto con la definizione generale (6.1) ci porta allora alla seguente Lagrangiana per una particella libera relativistica:

$$L = -mc^2\sqrt{1 - \frac{|\dot{\mathbf{x}}|^2}{c^2}}, \qquad\qquad \dot{\mathbf{x}} = \frac{d\mathbf{x}}{dt} = \mathbf{v}. \qquad (6.13)$$

Possiamo subito notare che lo sviluppo della radice per $v \ll c$ fornisce, all'ordine più basso,

$$L = -mc^2\left(1 - \frac{v^2}{2c^2} + \cdots\right) = -mc^2 + \frac{1}{2}mv^2 + \cdots. \qquad (6.14)$$

Ritroviamo quindi, al primo ordine in v^2/c^2, lo stesso termine cinetico della Lagrangiana Newtoniana (6.2) (la costante additiva $-mc^2$, che appare nell'Eq. (6.14), non ha alcuna influenza sulla dinamica).

Inoltre, calcolando l'impulso canonico associato a questa Lagrangiana,

$$p_i = \frac{\partial L}{\partial \dot{x}^i} = m\left(1 - \frac{v^2}{c^2}\right)^{-1/2} v_i, \qquad (6.15)$$

ritroviamo esattamente il vettore impulso relativistico,

$$\mathbf{p} = m\gamma\mathbf{v}, \qquad (6.16)$$

già introdotto nella Sez. 4.5. Le equazioni di Eulero-Lagrange (6.5), per una particella libera descritta dalla Lagrangiana (6.13), ci dicono allora che l'impulso relativistico è conservato,

$$\frac{d\mathbf{p}}{dt} = \frac{d}{dt}\left(m\gamma\mathbf{v}\right) = 0.$$
(6.17)

Calcoliamo infine la corrispondente Hamiltoniana, applicando la definizione canonica (6.8). Dalle equazioni (6.13), (6.16) otteniamo

$$
\begin{aligned}
H &= m\gamma v^2 + mc^2\gamma^{-1} \\
&= m\gamma\left[v^2 + c^2\left(1 - \frac{v^2}{c^2}\right)\right] = m\gamma c^2.
\end{aligned}
$$
(6.18)

Questa Hamiltoniana rappresenta l'energia totale del sistema che stiamo considerando. Nell'ambito della meccanica Newtoniana, d'altra parte, l'energia di una particella libera coincide con la sua energia cinetica. Possiamo quindi interpretare la quantità

$$\mathcal{E} = m\gamma c^2$$
(6.19)

come l'energia cinetica relativistica[1], ossia come la generalizzazione relativistica della quantità $mv^2/2$ che esprime l'energia totale di una particella libera Newtoniana. Sviluppando il fattore di Lorentz γ, per piccole velocità, al primo ordine in v^2/c^2, troviamo infatti

$$
\begin{aligned}
\mathcal{E} &= mc^2\left(1 - \frac{v^2}{c^2}\right)^{-1/2} \\
&= mc^2\left(1 + \frac{v^2}{2c^2} + \cdots\right) = mc^2 + \frac{1}{2}mv^2 + \cdots.
\end{aligned}
$$
(6.20)

È opportuno notare che la quantità (6.19) – a differenza dell'usuale energia cinetica Newtoniana – è diversa da zero anche se la particella è ferma, a causa del termine di ordine zero ($\mathcal{E}_0 = mc^2$) del precedente sviluppo. Questo termine corrisponde all'Hamiltoniana nel limite $v \to 0$, ed esprime quindi l'energia totale di un corpo massivo a riposo, includendo tutti i possibili contributi "interni" (energia di legame se il corpo è composto, energia termica, etc.). La proporzionalità tra la massa e questa energia di riposo mostra che anche la massa rappresenta una forma di energia (e può dunque essere convertita in energia d'altro tipo, come ripetutamente confermato dalle osservazioni relative ai processi atomici, nucleari e subnucleari).

6.1.1 Formalismo esplicitamente covariante

Parametrizziamo ora la linea d'universo della particella con una coordinata temporale (che chiamiamo genericamente τ) che si comporta come uno scalare rispetto alle trasformazioni di Lorentz. Lungo questa traiettoria $x^\mu = x^\mu(\tau)$ abbiamo

---

[1] L'abbiamo chiamata $\mathcal{E}$ anziché E per evitare confusioni con il simbolo del campo elettrico.

$$dx^\mu = \dot{x}^\mu d\tau, \qquad \dot{x}^\mu = \frac{dx^\mu}{d\tau}, \tag{6.21}$$

e quindi l'azione (6.11) assume la forma

$$S = \int_{\tau_1}^{\tau_2} L(x, \dot{x}) d\tau, \tag{6.22}$$

dove

$$L(x, \dot{x}) = -mc\sqrt{-\dot{x}_\mu \dot{x}^\mu}, \tag{6.23}$$

e dove il punto indica la derivata rispetto a τ.

Questa Lagrangiana, a differenza di quella dell'Eq. (6.13), è invariante per trasformazioni di Lorentz. Il corrispondente impulso canonico è un quadrivettore,

$$p_\mu = \frac{\partial L}{\partial \dot{x}^\mu} = \frac{mc}{\sqrt{-\dot{x}_\nu \dot{x}^\nu}} \, \dot{x}_\mu, \tag{6.24}$$

e la variazione della traiettoria (ad estremi fissi ed azione stazionaria) ci porta alle equazioni di Eulero-Lagrange scritte in forma esplicitamente covariante:

$$\frac{d}{d\tau}\frac{\partial L}{\partial \dot{x}^\mu} \equiv mc\frac{d}{d\tau}\left(\frac{\dot{x}_\mu}{\sqrt{-\dot{x}_\nu \dot{x}^\nu}}\right) = 0. \tag{6.25}$$

Queste equazioni possono essere semplificate identificando il parametro τ col tempo proprio della particella.

In questo caso $\dot{x}^\mu$ coincide con la quadri-velocità u^μ che soddisfa la condizione di normalizzazione (4.33), e quindi $\dot{x}_\nu \dot{x}^\nu = -c^2$. Il quadrivettore (6.24) si riduce allora al quadrivettore impulso già introdotto nella Sez. 4.5, $p_\mu = mu_\mu$, e l'equazione del moto (6.25) esprime la legge di conservazione del quadri-impulso, equivalente alla condizione – ovvia per una particella libera – di quadri-accelerazione nulla,

$$\frac{dp^\mu}{d\tau} = m\frac{du^\mu}{d\tau} = ma^\mu = 0. \tag{6.26}$$

È importante osservare che l'azione (6.22) è invariante per riparametrizzazioni temporali, ossia per trasformazioni del tipo $\tau \to \tau' = \tau'(\tau)$. È grazie a questa proprietà che possiamo scegliere la coordinata temporale più conveniente per esprimere l'equazione parametrica della traiettoria. Come conseguenza di questa proprietà, però, abbiamo un formalismo canonico covariante caratterizzato da una Hamiltoniana che risulta identicamente nulla per qualunque scelta del parametro temporale, come si può direttamente verificare dall'espressione esplicita di H:

$$H = p_\mu \dot{x}^\mu - L = \frac{mc}{\sqrt{-\dot{x}_\nu \dot{x}^\nu}} \, \dot{x}_\mu \dot{x}^\mu + mc\sqrt{-\dot{x}_\nu \dot{x}^\nu} \equiv 0. \tag{6.27}$$

La particella libera relativistica si comporta dunque come un sistema fisico "vincolato", ed è noto, per questi sistemi, che il formalismo canonico esplicitamente covariante deve introdurre nell'azione appropriati moltiplicatori Lagrangiani, necessari per imporre i vincoli richiesti. In particolare, il vincolo $H = 0$. Un altro vincolo relativistico da imporre è rappresentato dalla condizione

$$p_\mu p^\mu = -m^2 c^2 \tag{6.28}$$

(detta anche "condizione di *mass-shell*"), che segue identicamente dalla definizione dell'impulso canonico (6.24), per qualunque scelta del parametro temporale.

Una trattazione canonica covariante dei sistemi relativistici vincolati non è necessaria per gli scopi di questo manuale, impostato per fornire le nozioni di base della relatività ristretta. Possiamo però notare che l'azione (6.22), basata sulla parametrizzazione covariante della traiettoria e sulla corrispondente Eq. (6.21), si può riscrivere in una forma che è equivalente per la dinamica della particella libera, ma che risulta più conveniente per una trattazione canonica covariante.

A tal scopo introduciamo un campo ausiliario $V(\tau)$ che gioca il ruolo di moltiplicatore di Lagrange, e che ha dimensioni dell'inverso di una massa. Un'azione che risulta equivalente alla (6.22) si può allora definire come segue:

$$\begin{aligned}
S &= \int_{\tau_1}^{\tau_2} L(x, \dot{x}) d\tau \\
&\equiv \frac{1}{2} \int_{\tau_1}^{\tau_2} \left(\frac{\dot{x}_\mu \dot{x}^\mu}{V} - m^2 c^2 V \right) d\tau.
\end{aligned} \tag{6.29}$$

La condizione che questa azione risulti stazionaria rispetto alla variazione di V impone infatti il vincolo

$$\frac{\partial L}{\partial V} = 0, \tag{6.30}$$

ossia

$$-\dot{x}_\mu \dot{x}^\mu = m^2 c^2 V^2. \tag{6.31}$$

Risolvendo per $V(\tau)$, e sostituendo nell'azione (6.29), otteniamo

$$\begin{aligned}
S &= \frac{1}{2} mc \int_{\tau_1}^{\tau_2} \left(\frac{\dot{x}_\mu \dot{x}^\mu}{\sqrt{-\dot{x}_\nu \dot{x}^\nu}} - \sqrt{-\dot{x}_\mu \dot{x}^\mu} \right) d\tau \\
&= -mc \int_{\tau_1}^{\tau_2} \sqrt{-\dot{x}_\mu \dot{x}^\mu} d\tau,
\end{aligned} \tag{6.32}$$

che coincide esattamente con l'azione definita dalle equazioni (6.22), (6.23).

L'azione (6.29) – detta "azione di Polyakov" – fornisce un impulso canonico $p_\mu = \dot{x}_\mu / V$, che si riduce in generale all'impulso (6.24) dopo aver sfruttato il vincolo (6.31). Per una particella massiva, in particolare, la scelta del *gauge* temporale che identifica τ col tempo proprio fissa il campo ausiliario al valore costante $V = m^{-1}$ (si veda l'Eq. (6.31)), e porta alla precedente equazione del moto (6.26).

Al contrario dell'azione (6.22), però, l'azione di Polyakov è ben definita anche nel caso limite di particelle con massa nulla. In questo limite il secondo termine dell'azione (6.29) scompare, e la variazione rispetto a V fornisce il vincolo $\dot{x}_\mu \dot{x}^\mu = 0$, che implica traiettorie spazio-temporali di tipo luce e un quadrivettore impulso a modulo quadro nullo, come vedremo più in dettaglio anche nella sezione seguente.

6.2 Relazioni tra impulso, velocità ed energia

È opportuno, a questo punto, presentare un breve sommario dei risultati ottenuti, che ci permettono di dare un'interpretazione dinamica alle variabili cinematiche introdotte nel Capitolo 4.

Per una particella di massa m e velocità $\mathbf{v}$, il quadrivettore impulso p^μ – che coincide con l'impulso canonico se la particella è libera – è definito in funzione della velocità come nell'Eq. (4.43),

$$p^\mu = m u^\mu = (m\gamma \mathbf{v}, m\gamma c) \, . \tag{6.33}$$

Ricordando la definizione dell'impulso relativistico $\mathbf{p}$, Eq. (6.16), e dell'energia cinetica relativistica $\mathcal{E}$, Eq. (6.19), possiamo anche esprimere il quadri-impulso come segue:

$$p^\mu = \left(\mathbf{p}, \frac{\mathcal{E}}{c} \right) \, . \tag{6.34}$$

La normalizzazione del suo modulo quadro,

$$p^\mu p_\mu = m^2 u^\mu u_\mu = -m^2 c^2 = |\mathbf{p}|^2 - \frac{\mathcal{E}^2}{c^2} \, , \tag{6.35}$$

fornisce allora la famosa relazione relativistica tra impulso, massa ed energia:

$$\mathcal{E} = \sqrt{|\mathbf{p}|^2 c^2 + m^2 c^4} \, . \tag{6.36}$$

Per una particella libera questa equazione esprime anche l'Hamiltoniana H in funzione dell'impulso (si veda l'Eq. (6.18)), e nel limite non-relativistico $v \ll c$ (ossia $|\mathbf{p}| \ll mc$) si può sviluppare in serie come segue:

$$\mathcal{E} = H = mc^2 \left(1 + \frac{p^2}{m^2 c^2} \right)^{1/2}$$
$$= mc^2 \left(1 + \frac{p^2}{2m^2 c^2} + \cdots \right) = mc^2 + \frac{p^2}{2m} + \cdots \, . \tag{6.37}$$

Al primo ordine in v^2/c^2 ritroviamo dunque l'Hamiltoniana non-relativistica (6.9), senza il potenziale ma con l'aggiunta del termine mc^2 che rappresenta l'energia di riposo.

Le definizioni precedenti ci permettono di ottenere anche un'utile relazione tra velocità, energia ed impulso. Combinando la definizione di $\mathbf{p}$ e di $\mathcal{E}$ abbiamo:

$$\mathbf{p} = m\gamma\mathbf{v} \equiv m\gamma c^2 \frac{\mathbf{v}}{c^2} = \frac{\mathcal{E}}{c^2}\mathbf{v}. \tag{6.38}$$

Per una particella libera tale relazione si può anche ottenere dall'equazione di Hamilton per la velocità: usando l'Hamiltoniana (6.36) abbiamo infatti

$$v^i = \frac{dx^i}{dt} = \frac{\partial H}{\partial p_i} = \frac{\partial}{\partial p_i}\left(|\mathbf{p}|^2\,c^2 + m^2 c^4\right)^{1/2} = \frac{c^2}{\mathcal{E}}p^i, \tag{6.39}$$

che esprime il risultato (6.38) in componenti vettoriali.

6.2.1 Il limite di massa nulla

Il risultato precedente può essere utilizzato, in particolare, per definire l'impulso relativistico associato ad una particella che si muove con la velocità della luce. Per una velocità di modulo c possiamo porre, infatti, $\mathbf{v} = c\mathbf{n}$, dove $\mathbf{n}$ è un versore che specifica la direzione di propagazione, $|\mathbf{n}|^2 = 1$. Sostituendo nell'Eq. (6.38) otteniamo immediatamente l'impulso relativistico associato a questo moto:

$$\mathbf{p} = \frac{\mathcal{E}}{c}\mathbf{n}. \tag{6.40}$$

Il corrispondente quadrivettore impulso, in accordo all'Eq. (6.34), è dato da

$$p^\mu = \left(\frac{\mathcal{E}}{c}\mathbf{n}, \frac{\mathcal{E}}{c}\right), \tag{6.41}$$

e risulta dunque un quadrivettore di tipo luce (o nullo):

$$p^\mu p_\mu = \frac{\mathcal{E}^2}{c^2}|\mathbf{n}|^2 - \frac{\mathcal{E}^2}{c^2} \equiv 0. \tag{6.42}$$

Ricordando che il modulo quadro di p_μ è una costante proporzionale a m^2 (si veda ad esempio l'Eq. (6.35)), possiamo concludere che una particella si può muovere nel vuoto alla velocità della luce *se e solo se* la sua massa a riposo è nulla.

6.3 Il quadrivettore forza

Siamo ora in grado di attribuire un significato fisico più preciso alle componenti del quadrivettore forza F^μ, già introdotto nella Sez. 4.5. A questo scopo ricordiamo la definizione esplicita di F^μ data dall'Eq. (4.46), ed usiamo la definizione (6.34) di quadrivettore impulso per scrivere le componenti di F^μ nella forma seguente:

$$F^\mu = \frac{dp^\mu}{d\tau} = \gamma\frac{dp^\mu}{dt} = \left(\gamma\frac{d\mathbf{p}}{dt}, \frac{\gamma}{c}\frac{d\mathcal{E}}{dt}\right). \qquad (6.43)$$

È conveniente introdurre poi il vettore $\mathbf{f}$, che chiameremo *forza relativistica*, e che rappresenta la derivata dell'impulso relativistico rispetto alla coordinata temporale di un generico sistema inerziale:

$$\mathbf{f} = \frac{d\mathbf{p}}{dt} = \frac{d}{dt}\left(m\gamma\mathbf{v}\right). \qquad (6.44)$$

Con questa definizione F^μ assume la forma

$$F^\mu = \left(\gamma\mathbf{f}, \frac{\gamma}{c}\frac{d\mathcal{E}}{dt}\right). \qquad (6.45)$$

Ricordiamo ora che il quadrivettore forza, essendo proporzionale alla quadri-accelerazione[2], risulta ortogonale (nello spazio-tempo di Minkowski) al quadrivettore velocità u^μ (si veda l'Eq. (4.47)). Abbiamo quindi

$$F^\mu u_\mu = \gamma^2\mathbf{f}\cdot\mathbf{v} - \gamma^2\frac{d\mathcal{E}}{dt} = 0, \qquad (6.46)$$

ossia

$$\mathbf{f}\cdot\mathbf{v} = \frac{d\mathcal{E}}{dt}. \qquad (6.47)$$

Sostituendo nell'Eq. (6.45) troviamo allora che il quadrivettore forza si può esprimere completamente in funzione della forza relativistica $\mathbf{f}$ e della velocità $\mathbf{v}$ come segue:

$$F^\mu = \left(\gamma\mathbf{f}, \frac{\gamma}{c}\mathbf{f}\cdot\mathbf{v}\right). \qquad (6.48)$$

La componente temporale F^4, in particolare, descrive la *potenza dissipata* dalla forza relativistica. Tale componente è identicamente nulla nel caso di forze ortogonali alla velocità, e questo è compatibile col fatto che F^μ è un quadrivettore di tipo spazio ($F^\mu F_\mu > 0$).

Notiamo infine che la quadri-forza è proporzionale alla quadri-accelerazione, $F^\mu = ma^\mu$, ma la forza relativistica $\mathbf{f}$ *non* è, in generale, proporzionale all'accelerazione vettoriale $\mathbf{a} = d\mathbf{v}/dt$. Infatti

$$\mathbf{f} = \frac{d}{dt}\left(m\gamma\mathbf{v}\right) = m\gamma\mathbf{a} + m\mathbf{v}\frac{d\gamma}{dt}. \qquad (6.49)$$

---

[2] In questo testo ci limitiamo a considerare la dinamica di sistemi fisici con massa a riposo costante, per i quali $dp^\mu/d\tau = mdu^\mu/d\tau$. Evitiamo quiandi di discutere situazioni dinamiche con "massa variabile", per le quali $dm/d\tau \neq 0$.

Ricordando la definizione $\mathcal{E} = m\gamma c^2$ e il risultato (6.47) possiamo anche scrivere:

$$\mathbf{f} = m\gamma\mathbf{a} + \mathbf{v}\frac{\mathbf{f}\cdot\mathbf{v}}{c^2}. \qquad (6.50)$$

Se la forza è ortogonale alla velocità, $\mathbf{f}\cdot\mathbf{v} = 0$, abbiamo dunque

$$\mathbf{f}_\perp = m\gamma\mathbf{a} \qquad (6.51)$$

(forza relativistica "trasversale"). Se invece è parallela alla velocità abbiamo

$$\mathbf{f}_{||}\left(1 - \frac{v^2}{c^2}\right) = m\gamma\mathbf{a}, \qquad (6.52)$$

da cui

$$\mathbf{f}_{||} = m\gamma^3\mathbf{a} \qquad (6.53)$$

(forza relativistica "longitudinale"). La trasformazione delle componenti di di $\mathbf{f}$ da un sistema di riferimento ad un altro si ottiene ovviamente dalla regola generale di trasformazione del quadrivettore F^μ, usando le componenti esplicite di F^μ fornite dall'Eq. (6.48) (si veda la soluzione dell'Esercizio N.15).

6.4 Particella carica in un campo elettromagnetico esterno

Come esempio concreto di moto relativistico non libero possiamo considerare il caso di una particella puntiforme di massa m e carica e sottoposta ad un campo elettromagnetico esterno. All'azione della particella libera (6.11) dobbiamo allora aggiungere un termine di interazione, che in questo caso descrive l'interazione tra il quadrivettore potenziale A_μ (che rappresenta il campo applicato) e la corrente elettromagnetica associata alla carica (si veda l'ultimo termine della densità di Lagrangiana (5.95)).

Per una carica puntiforme la densità di corrente J^μ è definita dall'Eq. (5.77). Integrando il termine di interazione $A_\mu J^\mu/c$ sul quadri-volume d^3xdt, e sommandolo all'azione della particella libera, arriviamo alla seguente azione totale:

$$S = -mc\int_a^b ds + \frac{e}{c}\int_a^b A_\mu dx^\mu. \qquad (6.54)$$

Il quadrivettore dx^μ rappresenta lo spostamento infinitesimo della carica lungo la traiettoria spazio-temporale del moto, $x^\mu = x^\mu(t)$, e l'interazione col campo esterno è rappresentata dall'integrale di linea del quadri-potenziale, $A_\mu(x(t))$, valutato lungo la traiettoria della particella, e calcolato tra gli estremi dati.

Supponiamo che il campo prodotto dalla carica stessa sia trascurabile rispetto al campo elettromagnetico applicato, ossia che la particella carica si possa trattare come un corpo di prova in un campo esterno dato. Procediamo come nel caso libero di Sez. 6.1, parametrizzando la traiettoria $x^\mu(t)$ con la coordinata temporale di un generico sistema inerziale. Ricordiamo la definizione (5.6) del quadri-potenziale, e poniamo

$$A_\mu = (\mathbf{A}, -\phi), \qquad dx^\mu = (\mathbf{v}dt, cdt). \qquad (6.55)$$

Sostituendo nell'Eq. (6.54) possiamo allora riscrivere l'azione totale nella forma seguente:

$$S = \int_{t_1}^{t_2} \left(-mc^2\sqrt{1 - \frac{|\dot{\mathbf{x}}|^2}{c^2}} + \frac{e}{c}\mathbf{A} \cdot \dot{\mathbf{x}} - e\phi \right) dt$$

$$\equiv \int_{t_1}^{t_2} L(\mathbf{x}, \dot{\mathbf{x}})dt, \qquad \dot{\mathbf{x}} = \frac{d\mathbf{x}}{dt} \equiv \mathbf{v}. \qquad (6.56)$$

La parte cinetica di questa Lagrangiana è identica, ovviamente, alla Lagrangiana (6.13) della particella relativistica libera. I termini aggiuntivi descrivono l'interazione della carica con un campo elettromagnetico descritto dal potenziale vettore $\mathbf{A}$ e dal potenziale scalare ϕ. Applicando la definizione di impulso canonico otteniamo in questo caso un nuovo vettore $\mathbf{P}$, con componenti

$$P_i = \frac{\partial L}{\partial \dot{x}^i} = m\gamma v_i + \frac{e}{c}A_i. \qquad (6.57)$$

L'impulso canonico $\mathbf{P}$ differisce dall'impulso relativistico puramente "cinetico", $\mathbf{p} = m\gamma\mathbf{v}$, perchè l'energia associata all'interazione col potenziale vettore aggiunge all'azione dei termini che dipendono dalla velocità della particella.

Effettuando la trasformazione canonica (6.8) otteniamo inoltre l'Hamiltoniana corrispondente alla Lagrangiana considerata,

$$H = P_i\dot{x}^i - L = m\gamma c^2 + e\phi \equiv \mathcal{E} + e\phi, \qquad (6.58)$$

dove $\mathcal{E}$ è l'energia cinetica relativistica. Questa Hamiltoniana rappresenta l'energia totale della particella carica sottoposta al campo elettromagnetico esterno.

Possiamo scrivere H in funzione dell'impulso canonico $\mathbf{P}$ ricordando la definizione (6.36) di $\mathcal{E}$, e ricavando l'impulso relativistico $\mathbf{p}$ dall'Eq. (6.57): abbiamo allora

$$H = \left(\left| \mathbf{P} - \frac{e}{c}\mathbf{A} \right|^2 c^2 + m^2c^4 \right)^{1/2} + e\phi. \qquad (6.59)$$

Sviluppando la radice per $|\mathbf{P} - e\mathbf{A}/c| \ll mc$ ritroviamo al primo ordine l'Hamiltoniana di interazione non relativistica,

$$H = mc^2 + \frac{1}{2m}\left| \mathbf{P} - \frac{e}{c}\mathbf{A} \right|^2 + e\phi + \cdots, \qquad (6.60)$$

con l'aggiunta dell'inevitabile termine di ordine zero dello sviluppo, $H_0 = mc^2$, che rappresenta – come nel caso libero – l'energia associata alla massa a riposo.

Le equazioni del moto si ottengono infine variando la traiettoria della particella con la condizione di estremi fissi ed azione stazionaria, come nel caso libero. In presenza dell'interazione elettromagnetica, però, risulta più conveniente ricavare le equazioni del moto utilizzando direttamente il linguaggio tensoriale, seguendo la procedura illustrata nella sezione seguente.

6.4.1 Formalismo esplicitamente covariante

Parametrizziamo la traiettoria con la variabile scalare τ (invariante per trasformazioni di Lorentz), ponendo $x^\mu = x^\mu(\tau)$ e $dx^\mu = \dot{x}^\mu d\tau$. L'azione (6.54) diventa

$$S = \int_{\tau_1}^{\tau_2} \left(-mc\sqrt{-\dot{x}_\mu \dot{x}^\mu} + \frac{e}{c} A_\mu \dot{x}^\mu \right) d\tau$$

$$\equiv \int_{\tau_1}^{\tau_2} L(x, \dot{x}) d\tau, \qquad\qquad \dot{x}^\mu = \frac{dx^\mu}{d\tau}. \qquad (6.61)$$

Il quadrivettore impulso canonico associato a questa Lagrangiana è dato da

$$P_\mu = \frac{\partial L}{\partial \dot{x}^\mu} = \frac{mc}{\sqrt{-\dot{x}_\nu \dot{x}^\nu}} \dot{x}_\mu + \frac{e}{c} A_\mu, \qquad (6.62)$$

e la variazione della traiettoria tra gli estremi τ_1 e τ_2, con la condizione di estremi fissi e azione stazionaria, fornisce le equazioni di Eulero-Lagrange in forma esplicitamente covariante,

$$\frac{d}{d\tau} P_\mu = \frac{\partial L}{\partial x^\mu}. \qquad (6.63)$$

Semplifichiamo il formalismo identificando il parametro τ con il tempo proprio lungo la traiettoria. In questo caso $\dot{x}^\mu$ coincide con la quadri-velocità u^μ, che soddisfa $\dot{x}^\mu \dot{x}_\mu = -c^2$, e l'impulso canonico si riduce a

$$P_\mu = mu_\mu + \frac{e}{c} A_\mu. \qquad (6.64)$$

Ricordando che $A_\mu = A_\mu(x(\tau))$, la derivata temporale presente al membro sinistro dell'Eq. (6.63) fornisce allora

$$\frac{dP_\mu}{d\tau} = m\frac{du_\mu}{d\tau} + \frac{e}{c}\dot{x}^\nu \partial_\nu A_\mu = m\frac{du_\mu}{d\tau} + \frac{e}{c} u^\nu \partial_\nu A_\mu. \qquad (6.65)$$

La derivata parziale presente al membro destro fornisce invece

$$\frac{\partial L}{\partial x^\mu} = \partial_\mu \left(\frac{e}{c} A_\nu u^\nu \right) = \frac{e}{c} u^\nu \partial_\mu A_\nu. \qquad (6.66)$$

Uguagliando i due risultati, e portando al membro destro entrambi i termini col potenziale, abbiamo infine

$$m\frac{du_\mu}{d\tau} = \frac{e}{c}u^\nu\left(\partial_\mu A_\nu - \partial_\nu A_\mu\right),\qquad(6.67)$$

ovvero (ricordando le definizioni (5.7) e (6.33)):

$$\frac{dp^\mu}{d\tau} = \frac{e}{c}F^{\mu\nu}u_\nu.\qquad(6.68)$$

Questa equazione descrive in forma esplicitamente covariante il moto relativistico di una carica sottoposta alla forza di Lorentz prodotta dal campo elettromagnetico $F^{\mu\nu}$. Può essere utile, per scopi applicativi, separare questa equazione nelle sue componenti spaziali e temporali che verranno scritte esplicitamente nella sezione seguente.

6.4.2 Componenti spaziali e temporali della forza di Lorentz

La componente spaziale $\mu = i$ dell'Eq. (6.68), utilizzando la definizione (4.9) di tempo proprio, si può riscrivere come segue:

$$\frac{dp^i}{d\tau} = \gamma\frac{dp^i}{dt} = \frac{e}{c}F^{i\nu}u_\nu = \frac{e}{c}\left(F^{ij}u_j + F^{i4}u_4\right).\qquad(6.69)$$

Ricordando le componenti (4.32) del quadrivettore velocità, le componenti (5.4) del tensore $F^{\mu\nu}$, abbiamo allora

$$\gamma\frac{dp^i}{dt} = \frac{e}{c}\gamma\left(\epsilon^{ijk}v_j B_k + cE^i\right),\qquad(6.70)$$

ovvero, in forma esplicitamente vettoriale,

$$\mathbf{f} = \frac{d\mathbf{p}}{dt} = e\left(\mathbf{E} + \frac{\mathbf{v}}{c}\times\mathbf{B}\right),\qquad(6.71)$$

dove $\mathbf{f}$ è la forza relativistica dell'Eq. (6.44).

Il membro destro di questa equazione rappresenta la ben nota forza elettromagnetica di Lorentz, senza alcun cambiamento rispetto alla forma prevista dalla teoria di Maxwell (che, come già sottolineato, risulta automaticamente compatibile con l'invarianza rispetto alle trasformazioni di Lorentz). Il membro sinistro contiene invece le correzioni relativistiche rispetto all'equazione del moto della meccanica Newtoniana: tali correzioni sono rappresentate dal fattore di Lorentz γ contenuto nella definizione $\mathbf{p} = m\gamma\mathbf{v}$, e il loro effetto verrà illustrato dagli esempi presentati nelle sezioni successive.

Consideriamo infine la componente $\mu = 4$ dell'Eq. (6.68), che fornisce

$$\frac{dp^4}{d\tau} = \gamma\frac{dp^4}{dt} = \frac{e}{c}F^{4i}u_i = \frac{e}{c}\gamma E^i v_i.\qquad(6.72)$$

Ricordando la definizione (6.34), e l'espressione (6.47) per la potenza dissipata dalla forza relativistica, otteniamo la relazione

$$\frac{d\mathcal{E}}{dt} = \mathbf{f} \cdot \mathbf{v} = e\mathbf{E} \cdot \mathbf{v}. \tag{6.73}$$

La componente temporale dell'equazione del moto (6.68) fornisce quindi la potenza relativistica dissipata dalla forza di Lorentz (6.71). Questo è in accordo al fatto che il membro destro dell'Eq. (6.68) rappresenta il quadrivettore forza, e per tale quadrivettore le componenti spaziali e temporali sono sempre collegate tra loro dalla relazione generale espressa dall'Eq. (6.48).

6.5 Moto in un campo magnetico costante ed uniforme

Come semplice applicazione dell'equazione del moto (6.68) consideriamo una particella carica immersa in un campo esterno di tipo puramente magnetico, $\mathbf{E} = 0$, $\mathbf{B} \neq 0$. Supponiamo che che il campo magnetico sia costante, $\partial_4 \mathbf{B} = 0$, uniforme, $\partial_i \mathbf{B} = 0$, e allineato lungo l'asse z, $\mathbf{B} = (0, 0, B)$. In questo caso la forza è nulla lungo z (si veda l'Eq. (6.71)), per cui possiamo concentrarci sullo studio del moto nel piano $\{x, y\}$ ortogonale al campo.

Le equazioni del moto nel piano $\{x, y\}$ fornite dall'Eq. (6.71) sono le seguenti:

$$\frac{dp_x}{dt} = \frac{eB}{c} v_y, \qquad\qquad \frac{dp_y}{dt} = -\frac{eB}{c} v_x. \tag{6.74}$$

Sono due equazioni differenziali per v_x e v_y accoppiate tra loro e fortemente non-lineari, a causa del termine $v_x^2 + v_y^2$ contenuto all'interno dell'impulso relativistico $\mathbf{p} = m\gamma\mathbf{v}$. Possiamo però semplificarle ricordando la relazione (6.38) tra impulso, velocità ed energia, e osservando che, per il moto in un campo puramente magnetico, $d\mathcal{E}/dt = 0$ in accordo all'Eq. (6.73). Perciò:

$$\frac{d\mathbf{p}}{dt} = \frac{d}{dt}\left(\frac{\mathcal{E}\mathbf{v}}{c^2}\right) = \frac{\mathcal{E}}{c^2}\frac{d\mathbf{v}}{dt}, \tag{6.75}$$

e le equazioni (6.74) si possono riscrivere come

$$\frac{dv_x}{dt} = \omega\, v_y, \qquad\qquad \frac{dv_y}{dt} = -\omega\, v_x, \tag{6.76}$$

dove

$$\omega = \frac{eBc}{\mathcal{E}} = \frac{eB}{m\gamma c} = \frac{eB}{mc}\sqrt{1 - \frac{v^2}{c^2}} \tag{6.77}$$

è un coefficiente costante con dimensioni dell'inverso di un tempo.

Per risolvere le equazioni accoppiate (6.76) è conveniente introdurre la variabile complessa

$$\xi = v_x + i\omega v_y. \tag{6.78}$$

Sommando alla prima equazione la seconda moltiplicata per i otteniamo infatti la semplice equazione

$$\frac{d\xi}{dt} = -i\omega\xi, \tag{6.79}$$

che ha soluzione generale

$$\xi(t) = \xi_0 e^{-i\omega t} = v_0 e^{-i(\omega t + \alpha)}, \tag{6.80}$$

dove ξ_0 è una costante d'integrazione complessa di modulo v_0 e fase $\exp(-i\alpha)$, con v_0 e α parametri reali che dipendono dalle condizioni iniziali. Le componenti cercate di v_x e v_y corrispondono allora, rispettivamente, alla parte reale e alla parte immaginaria della soluzione per ξ, in accordo alla definizione (6.78):

$$v_x = \frac{dx}{dt} = \Re\{\xi(t)\} = v_0 \cos(\omega t + \alpha),$$

$$v_y = \frac{dy}{dt} = \Im\{\xi(t)\} = -v_0 \sin(\omega t + \alpha). \tag{6.81}$$

Si noti che il modulo della velocità nel piano $\{x, y\}$ risulta costante, $v_x^2 + v_y^2 = v_0^2$, in accordo alla condizione $\mathcal{E} = $ costante, e quindi $\gamma = $ costante, già utilizzata nell'Eq. (6.75).

È facile effettuare ora una seconda integrazione rispetto al tempo, e ottenere l'equazione della traiettoria in forma parametrica. Chiamando x_0 e y_0 le costanti di integrazione abbiamo

$$x(t) = x_0 + \int v_x dt = x_0 + \frac{v_0}{\omega} \sin(\omega t + \alpha),$$

$$y(t) = y_0 + \int v_y dt = y_0 + \frac{v_0}{\omega} \cos(\omega t + \alpha). \tag{6.82}$$

La traiettoria della carica nel piano ortogonale al campo magnetico è dunque una circonferenza, centrata nel punto di coordinate x_0, y_0 di raggio costante R tale che:

$$R^2 = (x - x_0)^2 + (y - y_0)^2 = \frac{v_0^2}{\omega^2} = \left(\frac{v_0 \mathcal{E}}{eBc}\right)^2 = \left(\frac{v_0 mc}{eB}\right)^2 \left(1 - \frac{v_0^2}{c^2}\right)^{-1}. \tag{6.83}$$

Questo risultato è qualitativamente simile a quello che si ottiene nell'ambito della meccanica Newtoniana, perchè anche in quel caso si trova un'orbita circolare di raggio costante nel piano $\{x, y\}$. Nel caso Newtoniano, però, la frequenza orbitale è misurata dalla pulsazione $\omega_0 = eB/mc$, che è indipendente dalla velocità. Nel caso relativistico, invece, la particella percorre l'orbita circolare con una frequenza ω che è data dall'Eq. (6.77), e che tende a decrescere all'aumentare della velocità. Come conseguenza, il raggio dell'orbita $R = v_0/\omega$

cresce con la velocità non in modo lineare come nel caso Newtoniano, ma molto più rapidamente, e tende all'infinito per $v_0 \to c$ (si veda l'Eq. (6.83)).

Queste correzioni relativistiche all'equazione del moto non sono trascurabili, in generale, quando l'energia cinetica $\mathcal{E}$ della particella carica è confrontabile con la sua energia di riposo mc^2 (o superiore ad essa). Tali correzioni, in particolare, risultano di importanza cruciale per la corretta progettazione degli attuali acceleratori di particelle.

6.6 Moto in un campo elettrico costante ed uniforme

Consideriamo ora un esempio di moto in un campo puramente elettrico, di tipo costante e uniforme ($\partial_4 \mathbf{E} = 0 = \partial_i \mathbf{E}$), orientato lungo l'asse x, $\mathbf{E} = (E, 0, 0)$. Supponiamo che la velocità iniziale della particella sia diversa da zero solo lungo l'asse y, ossia che $\mathbf{v}_0 = (0, v_{0y}, 0)$, e studiamo il moto nel piano $\{x, y\}$. Dall'Eq. (6.71) abbiamo due semplici equazioni del moto,

$$\frac{dp_x}{dt} = eE, \qquad \frac{dp_y}{dt} = 0, \tag{6.84}$$

che integrate forniscono

$$p_x = eEt, \qquad p_y = p_0 = \text{cost}, \tag{6.85}$$

dove p_0 è una costante determinata dalla velocità iniziale v_{oy}.

Per integrare una seconda volta è conveniente utilizzare ancora la relazione (6.38) tra velocità, energia ed impulso, e la forma esplicita (6.36) dell'energia cinetica relativistica. Le due equazioni (6.85) si possono allora riscrivere come segue:

$$v_x = \frac{dx}{dt} = \frac{c^2}{\mathcal{E}} p_x = \frac{c^2}{\mathcal{E}} eEt,$$
$$v_y = \frac{dy}{dt} = \frac{c^2}{\mathcal{E}} p_y = \frac{c^2}{\mathcal{E}} p_0, \tag{6.86}$$

dove

$$\mathcal{E} = \left[m^2 c^4 + p_0^2 c^2 + (eEct)^2 \right]^{1/2}. \tag{6.87}$$

Il moto lungo l'asse x è di tipo uniformemente accelerato (si veda la Sez. 4.6), perchè la carica è sottoposta a una forza relativistica costante. Ponendo

$$\mathcal{E}_0^2 \equiv m^2 c^4 + p_0^2 c^2, \tag{6.88}$$

e integrando l'equazione per v_x, otteniamo dunque un risultato analogo a quello dell'Eq. (4.64),

$$x(t) = \int \frac{c^2 eEt\, dt}{\sqrt{\mathcal{E}_0^2 + (eEct)^2}} = \frac{1}{eE}\sqrt{\mathcal{E}_0^2 + (eEct)^2} \tag{6.89}$$

(la costante di integrazione è stata posta a zero mediante un'opportuna scelta delle condizioni iniziali).

Per il moto lungo y otteniamo invece l'integrale

$$y(t) = p_0 c^2 \int \frac{dt}{\sqrt{\mathcal{E}_0^2 + (eEct)^2}}, \tag{6.90}$$

che risolviamo introducendo una nuova variabile $\rho(t)$, tale che

$$\frac{eEct}{\mathcal{E}_0} = \sinh\rho, \qquad\qquad \frac{eEc}{\mathcal{E}_0} dt = \cosh\rho\, d\rho. \tag{6.91}$$

L'integrale (6.90) diventa

$$y(t) = \frac{p_0 c}{eE} \int \frac{\cosh\rho\, d\rho}{\sqrt{1 + \sinh^2\rho}} = \frac{p_0 c}{eE} \int d\rho, \tag{6.92}$$

e fornisce dunque

$$y(t) = \frac{p_0 c}{eE}\rho(t) = \frac{p_0 c}{eE}\sinh^{-1}\left(\frac{eEct}{\mathcal{E}_0}\right) \tag{6.93}$$

(più una costante di integrazione che poniamo a zero con la scelta delle condizioni iniziali). Notiamo che la soluzione (6.89) per il moto lungo x si può anche riscrivere in funzione della variabile ρ come segue:

$$x(t) = \frac{\mathcal{E}_0}{eE}\sqrt{1 + \sinh^2\rho} = \frac{\mathcal{E}_0}{eE}\cosh\rho(t). \tag{6.94}$$

Le soluzioni (6.93), (6.94) rappresentano le equazioni parametriche per il moto della carica nel piano $\{x, y\}$. Combinandole otteniamo l'equazione della traiettoria relativistica nella forma $x = x(y)$,

$$x = \frac{\mathcal{E}_0}{eE}\cosh\rho = \frac{\mathcal{E}_0}{eE}\cosh\left(\frac{eEy}{p_0 c}\right), \tag{6.95}$$

che possiamo facilmente confrontare con la traiettoria non relativistica.

A questo proposito consideriamo il regime di moto iniziale in cui la velocità lungo l'asse x è piccola rispetto a c, e supponiamo che anche la velocità v_{0y} sia non relativistica, $v_{0y} \ll c$. In questo limite le equazioni (6.85) forniscono $eEy \simeq eEv_{0y}t \simeq mv_{0y}v_x$, ed anche $p_0 c \simeq mv_{0y}c$; l'argomento del coseno iperbolico (6.95) risulta dunque piccolo,

$$\frac{eEy}{p_0 c} \simeq \frac{v_x}{c} \ll 1, \tag{6.96}$$

e l'equazione della traiettoria può essere sviluppata come segue:

$$x = \frac{\mathcal{E}_0}{eE}\left[1 + \frac{1}{2}\left(\frac{eEy}{p_0 c}\right)^2 + \cdots\right]$$

$$= \frac{\mathcal{E}_0}{eE} + \frac{1}{2}\left(\frac{eE\mathcal{E}_0}{p_0^2 c^2}\right) y^2 + \cdots. \tag{6.97}$$

In prima approssimazione ritroviamo perciò la ben nota traiettoria parabolica della meccanica Newtoniana.

Al crescere del modulo della velocità la componente v_y tende a zero (si veda l'Eq. (6.86)), e ritroviamo invece la traiettoria di un moto relativistico, uniformemente accelerato lungo l'asse x. Tale traiettoria è di tipo iperbolico, come già illustrato nella Sez. 4.6.

6.7 Conservazione del quadrivettore impulso: effetto Compton

Come ultimo esempio di problema dinamico consideriamo la conservazione del quadrivettore impulso totale nell'urto elastico di due particelle. Per mettere in evidenza gli effetti relativistici supponiamo che una delle due particelle abbia massa nulla, e quindi si muova costantemente alla velocità della luce (si veda la Sez. 6.2.1): il corrispondente processo d'urto non può essere descritto in un contesto Newtoniano, ma richiede necessariamente l'impiego della dinamica relativistica basata sulle trasformazioni di Lorentz.

Consideriamo un sistema di riferimento (che possiamo identificare con quello del laboratorio) nel quale una particella di massa m (ad esempio un elettrone) si trova nell'origine del sistema di coordinate, e viene urtata da una particella di massa nulla (per esempio un fotone), che viaggia con la velocità della luce lungo la direzione positiva dell'asse x. In seguito all'urto le due particelle vengono diffuse nel piano $\{x, y\}$: il fotone viene deflesso lungo una traiettoria che forma un angolo θ con la direzione iniziale, e l'elettrone, posto in moto, acquista impulso con componenti p_x e p_y lungo gli assi del sistema inerziale dato (si veda la Fig. 6.1).

Supponiamo che il fotone incidente abbia un'energìa cinetica $\mathcal{E}_\gamma$ che – sfruttando la relazione di Planck fornita dalla meccanica quantistica – possiamo prendere proporzionale alla frequenza, $\mathcal{E}_\gamma = h\nu$, dove h è la costante di Planck. Il quadrivettore impulso del fotone, prima dell'urto, ha solo le componenti p^1 e p^4, ed è quindi dato da (si veda l'Eq. (6.41)):

$$p^\mu = \left(\frac{h\nu}{c}, 0, 0, \frac{h\nu}{c}\right). \tag{6.98}$$

Prima dell'urto l'elettrone è fermo, per cui $\mathbf{v} = 0$, $\gamma = 1$, e il suo quadri-impulso assume la forma (si veda l'Eq. (6.34)):

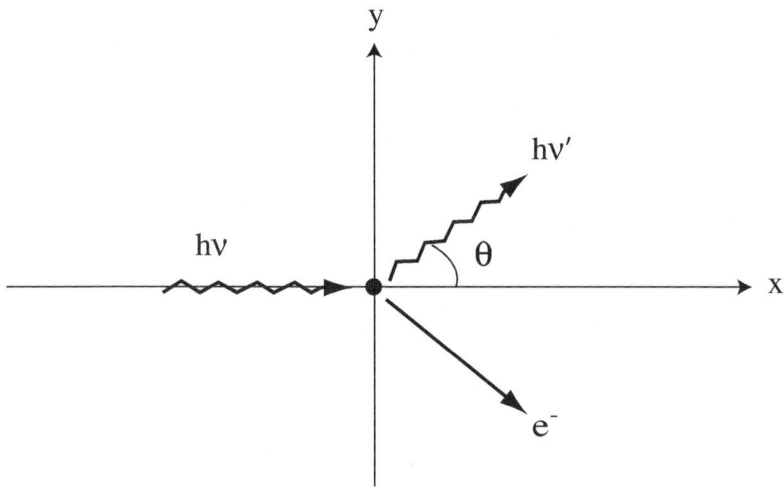

Figura 6.1. Illustrazione schematica dell'effetto Compton: un fotone che si propaga lungo l'asse x con energia $h\nu$ urta un elettrone e^- fermo nell'origine. Dopo l'urto il fotone, deviato di un angolo θ, è caratterizzato da una diversa frequenza e da una diversa energia $h\nu'$, mentre l'elettrone, posto in movimento, ha acquistato impulso ed energia cinetica

$$Q^\mu = (0,0,0,mc)\,. \tag{6.99}$$

Dopo l'urto, invece, entrambe le particelle si muovono nel piano $\{x,y\}$, e i corrispondenti quadrivettori impulso si possono scrivere come segue:

$$p'^\mu = \left(\frac{h\nu'}{c}\cos\theta,\ \frac{h\nu'}{c}\sin\theta, 0,\ \frac{h\nu'}{c}\right) \tag{6.100}$$

per il fotone (dove ν' è la nuova frequenza associato all'energia del fotone dopo l'urto), e

$$Q'^\mu = \left(p_x, p_y, 0, \frac{\mathcal{E}}{c}\right) \tag{6.101}$$

per l'elettrone (dove $\mathcal{E}$ è l'energia associata all'impulso relativistico p_x, p_y secondo l'Eq. (6.36)).

In assenza di forze esterne le due particelle formano un sistema isolato per il quale l'impulso totale si conserva (si veda l'Eq. (6.26)). In questo caso abbiamo la condizione

$$p^\mu + Q^\mu = p'^\mu + Q'^\mu, \tag{6.102}$$

che ci permette di stabilire una relazione tra la variazione di frequenza (e di energia) del fotone incidente e l'angolo θ di diffusione.

Per ottenere tale relazione scriviamo esplicitamente le componenti $\mu = 1, 2, 4$ della precedente relazione tensoriale (la componente $\mu = 3$ è trivialmente nulla). Otteniamo allora, rispettivamente, le tre condizioni seguenti:

$$\frac{h\nu}{c} = \frac{h\nu'}{c} \cos\theta + p_x,$$

$$0 = \frac{h\nu'}{c} \sin\theta + p_y,$$

$$\frac{h\nu}{c} + mc = \frac{h\nu'}{c} + \frac{\mathcal{E}}{c}. \tag{6.103}$$

Notiamo poi che l'impulso e l'energia cinetica dell'elettrone non sono indipendenti, essendo collegati dalla relazione (6.35):

$$p_x^2 + p_y^2 - \frac{\mathcal{E}^2}{c^2} = -m^2 c^2. \tag{6.104}$$

Sostituendo in questa espressione i valori di $\mathbf{p}$ e di $\mathcal{E}$ ottenuti dalle equazioni (6.103) abbiamo allora

$$\frac{h^2}{c^2} \left(\nu - \nu' \cos\theta\right)^2 + \frac{h^2}{c^2} \nu'^2 \sin^2\theta - \left[\frac{h}{c}\left(\nu - \nu'\right) + mc\right]^2 = -m^2 c^2, \tag{6.105}$$

che, semplificando e dividendo per $m\nu\nu'$, fornisce la relazione cercata tra angoli e frequenze:

$$\frac{h}{mc^2}\left(-\cos\theta + 1\right) = \frac{\nu - \nu'}{\nu\nu'} \equiv \frac{1}{\nu'} - \frac{1}{\nu}. \tag{6.106}$$

Osserviamo infine che tale relazione si può anche esprimere in una forma più consueta, che utilizza la lunghezza d'onda $\lambda = c/\nu$ associata al fotone al posto della frequenza. Moltiplicando per c, e chiamando $\Delta\lambda = \lambda' - \lambda$ la variazione di lunghezza d'onda prodotta dall'urto, otteniamo il ben noto risultato dell'effetto Compton,

$$\Delta\lambda = \lambda_c \left(1 - \cos\theta\right), \tag{6.107}$$

dove

$$\lambda_c = \frac{h}{mc} \tag{6.108}$$

è la cosiddetta "lunghezza d'onda Compton" dell'elettrone. Questo risultato combina effetti relativistici ed effetti quantistici, e rappresenta una conferma cruciale delle attuali teorie quantistiche di campo che stanno alla base del modello standard delle interazioni fondamentali.

A

Appendice A. Cinematica dei processi d'urto e di decadimento

In questa appendice presenteremo alcuni semplici applicazioni delle nozioni apprese nei capitoli precedenti, considerando in particolare processi di collisione e decadimento che coinvolgono un sistema di due o più particelle.

In questi casi è conveniente introdurre il cosiddetto *sistema del centro di massa*, ossia il sistema di riferimento inerziale nel quale la somma degli impulsi relativistici delle varie particelle è nulla. Questo sistema si muove con velocità costante $\mathbf{V}_{\mathrm{CM}}$ rispetto al convenzionale *sistema del laboratorio*, nel quale si misurano le energie e gli impulsi delle particelle coinvolte nei processi di interazione considerati.

La trasformazione dal sistema del laboratorio a quello del centro di massa (e viceversa) corrisponde a un'ordinaria trasformazione di Lorentz, e le variabili dinamiche dei due sistemi possono essere calcolate applicando il formalismo tensoriale sviluppato in precedenza.

A.1 Massa invariante e velocità del centro di massa

Consideriamo un insieme di n particelle che nel riferimento S del laboratorio hanno impulsi relativistici $\mathbf{p}_i$ ed energie cinetiche $\mathcal{E}_i$, $i = 1, 2, \ldots, n$ e quindi sono caratterizzate dai quadrivettori impulso

$$p_i^\mu = \left(\mathbf{p}_i, \frac{\mathcal{E}_i}{c} \right), \qquad i = 1, 2, \ldots, n \tag{A.1}$$

(si veda l'Eq. (6.34)). Il quadri-impulso totale, nel laboratorio, è dato da:

$$p^\mu = \sum_i p_i^\mu = \left(\sum_i \mathbf{p}_i, \frac{1}{c} \sum_i \mathcal{E}_i \right). \tag{A.2}$$

Nel riferimento S' del centro di massa queste particelle hanno quadri-impulsi

$$p_i'^{\mu} = \left(\mathbf{p}_i', \frac{\mathcal{E}_i'}{c} \right) \tag{A.3}$$

che, per definizione, soddisfano alla condizione:

$$\sum_i \mathbf{p}_i' = 0. \tag{A.4}$$

Il quadri-impulso totale è dato da

$$p'^{\mu} = \sum_i p_i'^{\mu} = \left(\mathbf{0}, \frac{\mathcal{E}_{\mathrm{CM}}}{c} \right), \tag{A.5}$$

dove

$$\mathcal{E}_{\mathrm{CM}} = \sum_i \mathcal{E}_i' \tag{A.6}$$

è l'energia totale delle particelle nel sistema del centro di massa. Se chiamiamo *massa invariante M* lo scalare con dimensioni di massa definito dal modulo quadro di p'^{μ} (si veda l'Eq. (6.35)), abbiamo allora la relazione

$$p'^{\mu} p'_{\mu} = -\frac{\mathcal{E}_{\mathrm{CM}}^2}{c^2} \equiv -M^2 c^2, \tag{A.7}$$

che definisce la massa invariante in funzione dell'energia totale del centro di massa,

$$\mathcal{E}_{\mathrm{CM}} = M c^2. \tag{A.8}$$

Le equazioni (A.5), (A.8) ci mostrano che l'insieme delle n particelle può essere trattato come un oggetto di massa totale M che si trova a riposo nel sistema S', e che si muove rispetto al sistema S del laboratorio con la velocità $\mathbf{V}_{\mathrm{CM}}$ del centro di massa. Il confronto con l'Eq. (A.2) fornisce allora le relazioni

$$\sum_i \mathbf{p}_i = M \gamma_{\mathrm{CM}} \mathbf{V}_{\mathrm{CM}}, \qquad\qquad \sum_i \mathcal{E}_i = M \gamma_{\mathrm{CM}} c^2, \tag{A.9}$$

da cui otteniamo subito la velocità e il fattore di Lorentz del centro di massa:

$$\mathbf{V}_{\mathrm{CM}} = \frac{c^2 \sum_i \mathbf{p}_i}{\sum \mathcal{E}_i}, \qquad\qquad \gamma_{\mathrm{CM}} = \frac{\sum_i \mathcal{E}_i}{M c^2} = \frac{\sum_i \mathcal{E}_i}{\mathcal{E}_{\mathrm{CM}}}. \tag{A.10}$$

A.2 Energie nel centro di massa

Concentriamoci su di un semplice processo a due corpi che si può rappresentare, nel sistema S del laboratorio, come l'urto tra una particella di massa m_1 e impulso relativistico $\mathbf{p}_1$ e una particella di massa m_2 a riposo. Supponiamo che le masse e gli impulsi del laboratorio sia noti, e chiediamoci quali sono gli impulsi $\mathbf{p}_1'$, $\mathbf{p}_2'$ e le energie cinetiche $\mathcal{E}_1'$, $\mathcal{E}_2'$ nel sistema del centro di massa.

A tal scopo possiamo procedere in due modi: calcolare la velocità del centro di massa data dall'Eq. (A.10) ed effettuare la corrispondente trasformazione di Lorentz sui quadrivettori impulso, oppure – più rapidamente – sfruttare l'invarianza dei prodotti scalari per trasformazioni di Lorentz. Adottiamo la seconda procedure, e calcoliamo innanzitutto la massa invariante del sistema formato dalle due particelle.

Sfruttiamo il fatto che il modulo del quadrivettore impulso è un'invariante di Lorentz costante (e quindi ha lo stesso valore sia nel laboratorio che nel sistema del centro di massa). Il quadri-impulso totale del laboratorio ha componenti

$$p^\mu = \left(\mathbf{p}_1, \frac{\mathcal{E}_1}{c} + m_2 c\right). \tag{A.11}$$

Eguagliando il suo modulo quadro a quello del centro di massa, dato dall'Eq. (A.7), abbiamo subito la corrispondente massa invariante,

$$M^2 c^2 \equiv \frac{\mathcal{E}_{\mathrm{CM}}^2}{c^2} = \frac{\mathcal{E}_1}{c^2} + m_2 c^2 + 2\mathcal{E}_1 m_2 - |\mathbf{p}_1|^2$$
$$= m_1^2 c^2 + m_2^2 c^2 + 2\mathcal{E}_1 m_2. \tag{A.12}$$

Nota M (ovvero $\mathcal{E}_{\mathrm{CM}}$) è facile ricavare, con la stessa procedura, le energie delle due particelle nel sistema del centro di massa. Prendiamo come invariante di Lorentz il prodotto scalare tra il quadri-impulso totale e il quadri-impulso di una singola particella. Usando i quadri-impulsi totali (A.5) e (A.11) abbiamo

$$p_1'^\mu p_\mu' = -\frac{\mathcal{E}_1' \mathcal{E}_{\mathrm{CM}}}{c^2} \tag{A.13}$$

nel sistema del centro di massa, e

$$p_1^\mu p_\mu = |\mathbf{p}_1|^2 - \frac{\mathcal{E}_1^2}{c^2} - \mathcal{E}_1 m_2 = -m_1^2 c^2 - \mathcal{E}_1 m_2 \tag{A.14}$$

nel laboratorio. Uguagliando i due risultati troviamo immediatamente

$$\mathcal{E}_1' = \frac{c^2}{\mathcal{E}_{\mathrm{CM}}}\left(m_1^2 c^2 + \mathcal{E}_1 m_2\right) = \frac{m_1^2 c^2 + \mathcal{E}_1 m_2}{M}. \tag{A.15}$$

Allo stesso modo, per la seconda particella,

$$\mathcal{E}_2' = \frac{m_2^2 c^2 + \mathcal{E}_1 m_2}{M}. \tag{A.16}$$

È facile verificare, usando l'Eq. (A.12), che $\mathcal{E}_1' + \mathcal{E}_2' = M^2 c^2 / M = M c^2 \equiv \mathcal{E}_{\mathrm{CM}}$, in accordo alla definizione (A.6).

Note le energie e le masse possiamo infine ricavare i moduli dei corrispondenti impulsi,

$$c\,|\mathbf{p}_1'| = \left(\mathcal{E}_1'^2 - m_1^2 c^4\right)^{1/2} = c\,|\mathbf{p}_1'| = \left(\mathcal{E}_2'^2 - m_2^2 c^4\right)^{1/2}. \qquad (A.17)$$

Le direzioni dei due impulsi sono ovviamente le stesse ma i versi sono opposti, in accordo alla definizione di centro di massa che impone $\mathbf{p}_1' + \mathbf{p}_2' = 0$. Per ottenere una relazione tra le direzione degli impulsi del laboratorio e del centro di massa – e in particolare tra i relativi angoli di diffusione dopo l'urto – è però necessario considerare esplicitamente la trasformazione di Lorentz che collega i due sistemi.

A.3 Trasformazione degli angoli di diffusione

Continuiamo a discutere l'esempio della sezione precedente, e ricordiamo che la seconda particella (quella che viene urtata) è ferma nel sistema S del laboratorio. La velocità del sistema del centro di massa sarà quindi allineata lungo la direzione di moto della prima particella (quella incidente), in accordo alla definizione (A.10).

Chiamiamo θ l'angolo di diffusione della prima particella rispetto alla sua direzione iniziale nel sistema S, e θ' il corrispondente angolo di diffusione nel sistema S' del centro di massa (si veda la Fig. A.1). La relazione tra i due angoli si può ottenere calcolando l'effetto di aberrazione associato alla trasformazione di Lorentz che collega i sistemi S e S' (si veda la Sez. 4.3.2).

A questo proposito scomponiamo l'impulso della prima particella dopo l'urto, $\overline{p}_1$, nelle componenti parallele e ortogonali alla direzione dell'impulso iniziale p_1 (che è anche la direzione del moto del centro di massa). La trasformazione di Lorentz di queste componenti – un *boost* con velocità V_{CM} lungo la direzione di p_1 – ci fornisce le relazioni

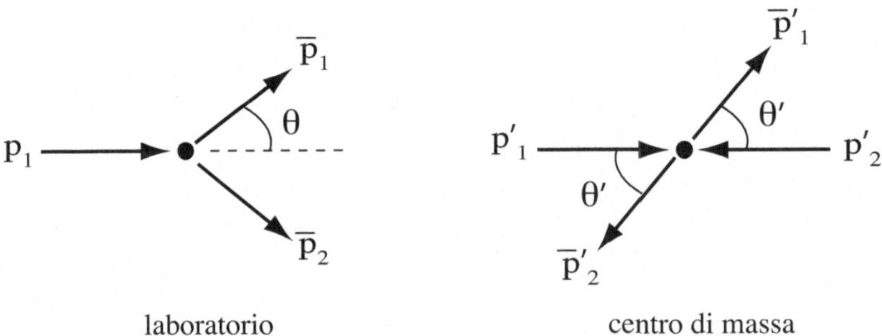

Figura A.1. Trasformazione tra l'angolo di diffusione θ del sistema del laboratorio e il corrispondente angolo θ' del sistema del centro di massa. Le varriabili barrate rappresentano gli impulsi dopo l'urto, nel laboratorio ($\overline{p}_i$) e nel centro di massa ($\overline{p}'_i$)

$$\bar{p}_1 \sin\theta = \bar{p}_1' \sin\theta',$$

$$\bar{p}_1 \cos\theta = \gamma_{\mathrm{CM}} \left(\bar{p}_1' \cos\theta' + \frac{V_{\mathrm{CM}}}{c^2} \bar{\mathcal{E}}_1' \right), \qquad (A.18)$$

dove $\bar{p}_1$ e $\bar{p}_1'$ sono i moduli del vettore impulso della prima particella dopo l'urto, e dove V_{CM}, γ_{CM} sono dati dall'Eq. (A.10):

$$V_{\mathrm{CM}} = \frac{c^2 p_1}{\mathcal{E}_1 + m_2 c^2}, \qquad\qquad \gamma_{\mathrm{CM}} = \frac{\mathcal{E}_1 + m_2 c^2}{M c^2} \qquad (A.19)$$

(la massa invariante M è data dall'Eq. (A.12)). Facendo il rapporto tra le due componenti dell'Eq. (A.18) otteniamo infine la relazione tra gli angoli,

$$\tan\theta = \frac{\sin\theta'}{\gamma_{\mathrm{CM}} \left[\cos\theta' + (V_{\mathrm{CM}}/c^2)(\bar{\mathcal{E}}_1'/\bar{p}_1') \right]} = \frac{\sin\theta'}{\gamma_{\mathrm{CM}} \left[\cos\theta' + V_{\mathrm{CM}}/\bar{V}_1' \right]}, \quad (A.20)$$

dove $\bar{V}_1'$ è il modulo della velocità della prima particella, dopo l'urto, nel sistema del centro di massa (per la seconda uguaglianza abbiamo usato la relazione (6.38)).

L'Eq. (A.20) – in perfetto accordo con il risultato già presentato nell'Eq. (4.26)) – determina l'angolo di diffusione nel laboratorio in funzione dell'angolo di diffusione nel centro di massa, θ', e dei parametri cinematici (m_1, m_2, $\mathcal{E}_1$, ...) misurati nel sistema del laboratorio.

A.4 Energia di soglia

L'energia di soglia $\mathcal{E}_S$ è l'energia cinetica minima necessaria affinchè un particolare processo di interazione tra le particelle che collidono possa avvenire. Nel sistema del centro di massa tale energia minima corrisponde al caso in cui le particelle presenti nello stato finale del processo sono ferme. Perciò:

$$\mathcal{E}_S = \sum_i m_i c^2, \qquad (A.21)$$

dove la somma è estesa a tutte le particelle finali presenti. Tale valore, una volta noto nel centro di massa, può essere trasformato nel sistema del laboratorio per determinare le energie minime necessarie delle particelle incidenti.

Prendiamo ad esempio l'urto della particella di massa m_1 e della particella (ferma) di massa m_2 già considerato in precedenza, e supponiamo che tale collisione dia luogo ad un processo (anelastico) di creazione di due nuove particelle, di massa $m_3 + m_4 > m_1 + m_2$. Poichè le particelle finali sono più pesanti di quelle iniziali, è necessario che quelle iniziali abbiano sufficiente energia cinetica da convertire in massa a riposo.

L'energia di soglia per il processo considerato, nel centro di massa, è la seguente:

$$\mathcal{E}_S = \mathcal{E}_{\mathrm{CM}} = (m_3 + m_4)\, c^2. \tag{A.22}$$

L'energia del centro di massa, d'altra parte, è collegata all'energia $\mathcal{E}_1$ della particella incidente (misurata nel laboratorio) dalla relazione (A.12). Il processo considerato è quindi possibile purchè $\mathcal{E}_1$ soddisfi la condizione

$$\mathcal{E}_S^2 \leq m_1^2 c^4 + m_2^2 c^4 + 2\mathcal{E}_1 m_2 c^2, \tag{A.23}$$

dove $\mathcal{E}_S$ è l'energia di soglia (A.22). Si noti che, per $\mathcal{E}_S$ molto maggiore dell'energia di riposo delle due masse iniziali, l'equazione precedente ci dice che $\mathcal{E}_S \sim \sqrt{\mathcal{E}_1}$, ossia che l'energia di soglia raggiungibile cresce con la radice quadrata dell'energia cinetica disponibile nel laboratorio.

A.5 Decadimento a due corpi

Consideriamo ora un processo di decadimento a due corpi: una particella di massa a riposo M si disintegra spontaneamente in due particelle di massa m_1 e m_2, con $M \geq m_1 + m_2$. Mettiamoci nel sistema S' del centro di massa (che coincide con il sistema in cui la particella iniziale è ferma), e chiediamoci quali sono, in questo sistema, le energie delle particelle finali.

Per calcolarle sfruttiamo la conservazione del quadrivettore impulso, che impone

$$p'^{\mu} = p_1'^{\mu} + p_2'^{\mu}, \tag{A.24}$$

dove

$$p'^{\mu} = (\mathbf{0}, Mc) \tag{A.25}$$

è il quadri-impulso della particella iniziale, e

$$p_1'^{\mu} = \left(\mathbf{p}_1', \frac{\mathcal{E}_1'}{c}\right), \qquad p_2'^{\mu} = \left(\mathbf{p}_2', \frac{\mathcal{E}_2'}{c}\right) \tag{A.26}$$

sono i quadri-impulsi delle particelle finali. Consideriamo, in particolare, il modulo quadro di $p' - p_1'$. Dall'Eq. (A.24) abbiamo

$$\left(p'^{\mu} - p_1'^{\mu}\right)\left(p_{\mu}' - p_{1\mu}'\right) = p_2'^{\mu} p_{2\mu}', \tag{A.27}$$

ossia, svolgendo esplicitamente i quadrati,

$$|\mathbf{p}_1'|^2 - \frac{\mathcal{E}_1'^2}{c^2} - M^2 c^2 + 2\mathcal{E}_1' M = -m_2^2 c^2, \tag{A.28}$$

da cui

$$\mathcal{E}_1' = \frac{M^2 c^2 + m_1^2 c^2 - m_2^2 c^2}{2M}. \tag{A.29}$$

Allo stesso modo, calcolando il modulo quadro di $p' - p_2$, otteniamo l'energia cinetica della seconda particella:

$$\mathcal{E}_2' = \frac{M^2 c^2 + m_2^2 c^2 - m_1^2 c^2}{2M}.$$ (A.30)

I corrispondenti impulsi relativistici soddisfano ovviamente alla condizione $\mathbf{p}_1' + \mathbf{p}_2' = 0$, ed i loro moduli sono dati dall'Eq. (A.17), con $\mathcal{E}_1'$, $\mathcal{E}_2'$ forniti dalle precedenti equazioni (A.29), (A.30).

A.5.1 Angoli di decadimento nel laboratorio

Nel riferimento del centro di massa (dove la particella che decade è ferma) gli impulsi delle due particelle finali devono essere uguali e contrari, ossia devono avere una separazione angolare relativa pari a π. A parte questo vincolo, però, tutte le direzioni spaziali sono possibili (ovvero, in una serie ripetuta di decadimenti identici, gli impulsi finali si distribuiscono spazialmente in maniera isotropa).

Nel sistema del laboratorio, invece, questa isotropia è rotta dall'esistenza di una direzione privilegiata (associata alla velocità $\mathbf{V}_{\mathrm{CM}}$ della particella che decade), e gli angoli di decadimento permessi sono rigidamente vincolati dalle regole della cinematica relativistica.

Per illustrare questo effetto consideriamo la trasformazione di Lorentz tra il quadrivettore impulso di una particella nel centro di massa, $p_1'^{\mu}$, e nel laboratorio, p_1^{μ}. Supponiamo che nel centro di massa la direzione di $\mathbf{p}_1'$ formi un angolo θ' con la direzione di $\mathbf{V}_{\mathrm{CM}}$, e chiediamoci qual è il corrispondente angolo θ nel laboratorio.

A questo scopo orientiamo l'asse x del sistema S lungo la direzione di $\mathbf{V}_{\mathrm{CM}}$, e identifichiamo con il piano $\{x, y\}$ il piano individuato dagli impulsi delle due particelle finali. Possiamo allora porre

$$p_1^{\mu} = \left(p_x, p_y, 0, \frac{\mathcal{E}_1}{c} \right), \qquad p_1'^{\mu} = \left(p_1' \cos\theta', p_1' \sin\theta', 0, \frac{\mathcal{E}_1'}{c} \right),$$ (A.31)

ed applicando la trasformazione di Lorentz nel piano $\{x, y\}$ (si veda l'Eq. (A.18)) otteniamo

$$p_y = p_1' \sin\theta',$$
$$p_x = \gamma_{\mathrm{CM}} \left(p_1' \cos\theta' + \frac{V_{\mathrm{CM}}}{c^2} \mathcal{E}_1' \right),$$ (A.32)

dove $\mathcal{E}_1'$ è data dall'Eq. (A.29). I parametri V_{CM} e γ_{CM} della trasformazione di Lorentz si ottengono dall'energia totale e dall'impulso totale del laboratorio, applicando la definizione generale (A.10).

Il risultato che ci interessa sottolineare, in questo contesto, riguarda la distribuzione degli impulsi p_x e p_y nel sistema del laboratorio. Dall'Eq. (A.32) abbiamo la relazione

$$\left(\frac{p_y}{p_1'}\right)^2 + \left(\frac{p_x}{\gamma_{\mathrm{CM}}p_1'} - \frac{V_{\mathrm{CM}}}{c^2}\frac{\mathcal{E}_1'}{p_1'}\right)^2 = \sin^2\theta' + \cos^2\theta' = 1, \qquad (A.33)$$

che nel piano $\{p_x, p_y\}$ rappresenta un'ellissi di semiasse maggiore $\gamma_{\mathrm{CM}}p_1'$, semiasse minore p_1', e centro nel punto di coordinate $p_y = 0$, $p_x = \gamma_{\mathrm{CM}}V_{\mathrm{CM}}\mathcal{E}_1'/c^2$. I possibili valori del modulo di $\mathbf{p}_1$, nel laboratorio, variano dunque su questa ellissi, e gli angoli corrispondenti sono quelli spazzati dal vettore $\mathbf{p}_1$ al variare di p_x e p_y lungo i punti dell'ellissi (si veda la Fig. A.2). Possiamo distinguere, in particolare, tre casi.

- Se l'origine del piano degli impulsi $p_x = 0$, $p_y = 0$ è un punto dell'ellisse, ossia se

$$V_{\mathrm{CM}} = \frac{c^2}{\mathcal{E}_1'}p_1' \equiv V_1', \qquad (A.34)$$

  dove V_1' è il modulo della velocità della prima particella nel centro di massa, allora l'angolo θ del laboratorio può variare tra 0 e $\pi/2$ (si veda la Fig. A.2).

- Se l'origine $p_x = 0$, $p_y = 0$ è un punto interno all'ellisse, ossia se

$$V_{\mathrm{CM}} < V_1', \qquad (A.35)$$

  allora l'angolo θ può variare tra 0 e π (si veda la Fig. A.2).

- Infine, se l'origine $p_x = 0$, $p_y = 0$ è un punto esterno all'ellisse, ossia se

$$V_{\mathrm{CM}} > V_1', \qquad (A.36)$$

  allora θ può variare tra 0 e un angolo massimo $\theta_{\mathrm{Max}} < \pi/2$ (si veda la Fig. A.2).

Possiamo notare che la tendenza dei prodotti del decadimento ad essere emessi "in avanti" – ossia in direzione del moto della particella iniziale – si accentua all'aumentare della velocità della particella che decade (come ovvia conseguenza della conservazione dell'impulso).

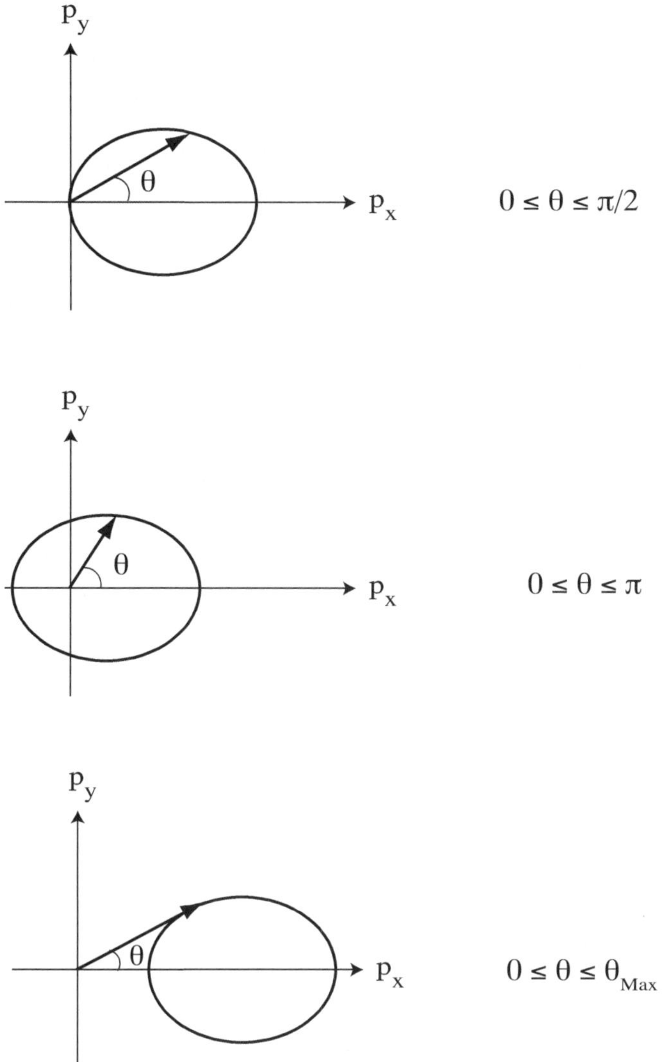

Figura A.2. Illustrazione grafica degli angoli di decadimento permessi nel sistema del laboratorio: i valori del modulo di $\mathbf{p}_1$ variano sull'ellisse rappresentata dall'Eq. (A.33). Il possibile angolo massimo di decadimento dipende dalla velocità delle particelle prodotte rispetto alla velocità del centro di massa, (si vedano le equazioni (A.34), (A.35), (A.36), corrispondenti ai tre casi illustrati in figura)

B

Appendice B. Effetto Cherenkov

È ben noto che una carica accelerata emette radiazione elettromagnetica. Una carica in moto attraverso un dielettrico, però, può irraggiare anche se la sua velocità v è costante e uniforme, purchè

$$v > \frac{c}{\sqrt{\epsilon}},\tag{B.1}$$

dove ϵ è la costante dielettrica del mezzo considerato.

Questo tipo di irraggiamento è noto con il nome di *effetto Cherenkov*, e risulta non solo di evidente interesse teorico ma anche di forte utilità pratica. Tale effetto trova infatti importanti applicazioni nel campo dei rivelatori di particelle relativistiche, e gioca dunque un ruolo fondamentale nella moderna fisica sperimentale delle alte energie.

In questa appendice presenteremo un calcolo dettagliato della potenza e della direzione angolare della radiazione emessa per effetto Cherenkov, considerando una carica puntiforme in moto attraverso un dielettrico trasparente, omogeneo e isotropo. Il campo elettromagnetico della particella carica verrà calcolato in due modi: risolvendo le equazioni di Maxwell sia nel riferimento in cui il dielettrico è a riposo (Sez. B.1), sia nel riferimento in cui la carica è a riposo e il dielettrico in movimento (Sez. B.2).

Il secondo approccio fornisce ovviamente un risultato identico al primo, ma risulta particolarmente utile per illustrare alcune interessanti proprietà dei dielettrici in moto, nonchè per effettuare un'istruttiva applicazione delle trasformazioni di Lorentz alle componenti del campo elettromagnetico.

B.1 Potenza irraggiata da una carica in moto in un dielettrico

Consideriamo una particella dotata di una carica q puntiforme, in moto con velocità $\mathbf{v} = $ costante attraverso un dielettrico trasparente, omogeneo e isotropo. Calcoliamo il campo elettromagnetico prodotto da questa carica, il vettore di Poynting ad esso associato, e chiediamoci quanto vale il corrispondente flusso di radiazione a distanze arbitrariamente grandi dalla traiettoria della particella.

Per effettuare questo calcolo possiamo trattare il dielettrico come un mezzo continuo, ricordando però che in un mezzo diverso dal vuoto è necessario introdurre due diversi tensori per il campo elettromagnetico. L'usuale tensore $F_{\mu\nu}$ (definito dalle equazioni (5.1), (5.2)), le cui componenti vettoriali $\mathbf{E}$ e $\mathbf{B}$ descrivono il campo del vuoto, correlato alla densità di carica e di corrente totale; e un secondo tensore $G^{\mu\nu} = -G^{\nu\mu}$, le cui componenti vettoriali $\mathbf{D}$ e $\mathbf{H}$,

$$G^{4i} = D^i, \qquad G^{ij} = \epsilon^{ijk} H_k, \qquad (B.2)$$

includono i contributi del campo di induzione del mezzo, e sono correlati alla densità di carica e di corrente libera J^μ.

Il campo del vuoto è collegato al potenziale dall'usuale relazione

$$F_{\mu\nu} = \partial_\mu A_\nu - \partial_\nu A_\mu, \qquad (B.3)$$

e quindi soddisfa l'identità

$$\partial_{[\alpha} F_{\mu\nu]} = 0. \qquad (B.4)$$

Il campo del mezzo soddisfa invece l'equazione di evoluzione dinamica

$$\partial_\nu G^{\mu\nu} = \frac{4\pi}{c} J^\mu, \qquad (B.5)$$

che esprime in funzione di $\mathbf{D}$ e $\mathbf{H}$ la corrispondente Eq. (5.15) valida nel vuoto. La coppia di equazioni (B.4), (B.5) rappresenta in forma tensoriale le equazioni di Maxwell per un generico mezzo continuo, e si può esprimere in forma vettoriale come segue:

$$\mathbf{\nabla} \cdot \mathbf{D} = 4\pi\rho, \qquad\qquad \mathbf{\nabla} \cdot \mathbf{B} = 0,$$
$$\mathbf{\nabla} \times \mathbf{E} = -\frac{1}{c}\frac{\partial \mathbf{B}}{\partial t}, \qquad\qquad \mathbf{\nabla} \times \mathbf{H} = \frac{4\pi}{c}\mathbf{J} + \frac{1}{c}\frac{\partial \mathbf{D}}{\partial t}. \qquad (B.6)$$

Si noti che i campi di induzione $\mathbf{D}$ e $\mathbf{H}$ compaiono solo nelle due equazioni contenenti le sorgenti libere, mentre le altre due equazioni di Maxwell risultano identiche a quelle del vuoto.

I due tensori F e G sono collegati tra loro dalla cosiddetta "relazione costitutiva",

$$G^{\mu\nu} = \chi^{\mu\nu\alpha\beta} F_{\alpha\beta}, \qquad (B.7)$$

dove χ è un tensore che descrive le proprietà elettromagnetiche del mezzo considerato, e che soddisfa alle seguenti condizioni di simmetria:

$$\chi^{\mu\nu\alpha\beta} = \chi^{[\mu\nu][\alpha\beta]} = \chi^{\alpha\beta\mu\nu}, \qquad\qquad \chi^{[\mu\nu\alpha\beta]} = 0. \qquad (B.8)$$

Nel caso particolare di un mezzo omogeneo e isotropo, non conduttore, a riposo, caratterizzato da una *costante dielettrica* ϵ e una *permeabilità magnetica* μ, le componenti di χ diverse da zero sono le seguenti,

$$\chi^{4i4j} = -\epsilon\delta^{ij}, \qquad \chi^{ijkl} = \frac{1}{2\mu}\left(\delta^{ik}\delta^{jl} - \delta^{il}\delta^{jk}\right), \qquad (B.9)$$

e l'Eq. (B.7) fornisce le ben note relazioni costitutive

$$\mathbf{D} = \epsilon\mathbf{E}, \qquad\qquad \mathbf{B} = \mu\mathbf{H}, \qquad\qquad (B.10)$$

tra i campi del vuoto e i campi di induzione del mezzo.

Supponiamo ora che il dielettrico considerato abbia una permeabilità magnetica triviale, $\mu = 1$, e che ϵ sia costante e uniforme, $\partial_4\epsilon = 0 = \partial_i\epsilon$ (con un eventuale dipendenza dalla frequenza della radiazione elettromagnetica se il mezzo è dispersivo). Prendendo il rotore delle ultime due equazioni (B.6), combinandole con le altre, e sostituendo $\mathbf{H} = \mathbf{B}$, $\mathbf{D} = \epsilon\mathbf{E}$, otteniamo allora le seguenti equazioni di propagazione per i campi nel dielettrico:

$$\left(\nabla^2 - \frac{\epsilon}{c^2}\frac{\partial^2}{\partial t^2}\right)\mathbf{E} = \frac{4\pi}{\epsilon}\boldsymbol{\nabla}\rho + \frac{4\pi}{c^2}\frac{\partial\mathbf{J}}{\partial t},$$

$$\left(\nabla^2 - \frac{\epsilon}{c^2}\frac{\partial^2}{\partial t^2}\right)\mathbf{B} = -\frac{4\pi}{c}\boldsymbol{\nabla}\times\mathbf{J}. \qquad (B.11)$$

La sorgente libera di questi campi è una carica q puntiforme, che nel sistema a riposo col dielettrico si muove con velocità $\mathbf{v}$ costante e uniforme lungo la traiettoria $\mathbf{x}(t) = \mathbf{v}t$. Applicando i risultati della Sez. 5.51 possiamo dunque scrivere la densità di carica e di corrente come segue,

$$\rho(\mathbf{x},t) = q\delta^3(\mathbf{x} - \mathbf{v}t), \qquad\qquad \mathbf{J} = \rho\mathbf{v}. \qquad (B.12)$$

Per risolvere le equazioni (B.11) è conveniente utilizzare il metodo delle trasformate di Fourier, ricordando che la trasformata di una generica variabile $\psi(\mathbf{x},t)$ è rappresentata dalla funzione $\psi(\mathbf{k},\omega)$ tale che

$$\psi(\mathbf{x},t) = \frac{1}{(2\pi)^2}\int d^3k\,d\omega\,\psi(\mathbf{k},\omega)e^{i(\mathbf{k}\cdot\mathbf{x}-\omega t)} \qquad (B.13)$$

(è sottinteso che questo integrale, così come tutti quelli successivi, si estende da ∞ a $+\infty$). Usando questa rappresentazione integrale per $\mathbf{E}$, $\mathbf{B}$ e ρ, l'Eq. (B.11) fornisce delle semplici relazioni algebriche tra le componenti di Fourier delle variabili elettromagnetiche:

$$\left(-|\mathbf{k}|^2 + \frac{\epsilon\omega^2}{c^2}\right)\mathbf{E}(\mathbf{k},\omega) = i\frac{4\pi}{\epsilon}\mathbf{k}\rho(\mathbf{k},\omega) - i\frac{4\pi\omega}{c^2}\rho(\mathbf{k},\omega)\mathbf{v},$$

$$\left(-|\mathbf{k}|^2 + \frac{\epsilon\omega^2}{c^2}\right)\mathbf{B}(\mathbf{k},\omega) = -i\frac{4\pi}{c}\rho(\mathbf{k},\omega)\mathbf{k}\times\mathbf{v}. \qquad (B.14)$$

La densità di carica $\rho(\mathbf{k}, \omega)$, d'altra parte, si può facilmente calcolare utilizzando la definizione di trasformata inversa e la rappresentazione integrale della delta di Dirac:

$$\begin{aligned}
\rho(\mathbf{k}, \omega) &= \frac{q}{(2\pi)^2} \int d^3x\,dt\, \delta^3(\mathbf{x} - \mathbf{v}t) e^{-i(\mathbf{k}\cdot\mathbf{x} - \omega t)} \\
&= \frac{q}{(2\pi)^2} \int dt\, e^{-i(\mathbf{k}\cdot\mathbf{v} - \omega)t} \\
&= \frac{q}{2\pi} \delta(\mathbf{k} \cdot \mathbf{v} - \omega).
\end{aligned} \tag{B.15}$$

Sostituendo questo risultato nelle equazioni (B.14) otteniamo allora le seguenti espressioni esplicite per le componenti di Fourier del campo elettrico e magnetico:

$$\begin{aligned}
\mathbf{E}(\mathbf{k}, \omega) &= 2iq\, \frac{\delta(\mathbf{k} \cdot \mathbf{v} - \omega)}{|\mathbf{k}|^2 - \epsilon\omega^2/c^2} \left(\frac{\omega\mathbf{v}}{c^2} - \frac{\mathbf{k}}{\epsilon} \right), \\
\mathbf{B}(\mathbf{k}, \omega) &= \frac{2iq}{c} \frac{\delta(\mathbf{k} \cdot \mathbf{v} - \omega)}{|\mathbf{k}|^2 - \epsilon\omega^2/c^2}\, k \times \mathbf{v}.
\end{aligned} \tag{B.16}$$

Per calcolare $\mathbf{E}$ e $\mathbf{B}$ in funzione delle coordinate spaziali supponiamo che la traiettoria della particella sia allineata lungo l'asse x_3 del sistema a riposo col dielettrico, $\mathbf{v} = (0, 0, v)$, e scomponiamo i campi in direzione parallela e ortogonale al moto. Poniamo, in particolare, $\mathbf{E} = (\mathbf{E}_\perp, E_3)$ – dove il vettore bidimensionale $\mathbf{E}_\perp = (E_1, E_2)$ rappresenta le componenti di $\mathbf{E}$ nel piano $\{x_1, x_2\}$ – e facciamo lo stesso per il campo magnetico. La trasformata di Fourier (fatta rispetto alle coordinate spaziali) del campo elettrico (B.16) fornisce allora[1]

$$E_3(\mathbf{x}, \omega) = \int \frac{d^3k}{(2\pi)^{3/2}} E_3(\mathbf{k}, \omega) e^{i\mathbf{k}\cdot\mathbf{x}} = -i\frac{q}{\epsilon} \sqrt{\frac{2}{\pi}} \frac{\lambda^2}{\omega} K_0(\lambda r) e^{i\omega x_3/v} \ ,$$

$$\mathbf{E}_\perp(\mathbf{x}, \omega) = \int \frac{d^3k}{(2\pi)^{3/2}} \mathbf{E}_\perp(\mathbf{k}, \omega) e^{i\mathbf{k}\cdot\mathbf{x}} = \frac{q}{\epsilon v} \sqrt{\frac{2}{\pi}} \frac{\lambda\mathbf{x}_\perp}{r} K_1(\lambda r) e^{i\omega x_3/v} \ ,$$

$$\tag{B.17}$$

dove abbiamo posto $\mathbf{x}_\perp = (x_1, x_2)$, dove K_0 e K_1 sono funzioni di Bessel modificate di argomento λr, e dove

$$\lambda = \omega \sqrt{\frac{1}{v^2} - \frac{\epsilon}{c^2}}, \qquad r = \sqrt{x_1^2 + x_2^2}. \tag{B.18}$$

Allo stesso modo, trasformando le componenti del campo magnetico (B.16), otteniamo $B_3 = 0$ e

---

[1] Si veda ad esempio il Bateman Manuscript Project, *Tables of Integral Transforms*, Vol. I (McGraw-Hill, New York, 1954).

$$B_1(\mathbf{x}, \omega) = -\frac{\epsilon v}{c} E_2(\mathbf{x}, \omega), \qquad B_2(\mathbf{x}, \omega) = \frac{\epsilon v}{c} E_1(\mathbf{x}, \omega). \qquad (B.19)$$

In generale,

$$\mathbf{B}(\mathbf{x}, \omega) = \epsilon \frac{\mathbf{v}}{c} \times \mathbf{E}(\mathbf{x}, \omega). \qquad (B.20)$$

Chiediamoci ora se a questi campi è associato un flusso di radiazione che si propaga all'infinito. A questo scopo consideriamo un cilindro centrato sulla traiettoria della particella (ossia sull'asse x_3), con sezioni trasversali di raggio r nel piano $\{x_1, x_2\}$, e calcoliamo il flusso del vettore di Poynting

$$\mathbf{S} = \frac{c}{4\pi} \mathbf{E} \times \mathbf{H} \equiv \frac{c}{4\pi} \mathbf{E} \times \mathbf{B} \qquad (B.21)$$

sulla superficie del cilindro, per valori di r arbitrariamente grandi.

Il flusso su di un elemento di superficie infinitesimo, di raggio r e lunghezza dx_3, è dato da

$$\mathbf{S} \cdot \mathbf{n}\, d\sigma = \mathbf{S} \cdot \mathbf{n}\, 2\pi r\, dx_3 = \mathbf{S} \cdot \mathbf{n}\, 2\pi r v\, dt, \qquad (B.22)$$

dove

$$\mathbf{n} = \left(\frac{x_1}{r}, \frac{x_2}{r}, 0 \right) \qquad (B.23)$$

è il versore normale alla superficie del cilindro considerato. Il flusso totale a distanza r, che corrisponde anche alla potenza $d\mathcal{E}/dt$ emessa dal sistema $\{$carica + dielettrico$\}$, si ottiene integrando lungo tutta la traiettoria della particella,

$$\begin{aligned}
\frac{d\mathcal{E}}{dt} &= 2\pi v \int_{-\infty}^{+\infty} dt\, (x_1 S_1 + x_2 S_2) \\
&= \frac{cv}{2} \int_{-\infty}^{+\infty} dt \Big[-x_1 E_3(\mathbf{x}, t) B_2(\mathbf{x}, t) + x_2 E_3(\mathbf{x}, t) B_1(\mathbf{x}, t) \Big], \quad (B.24)
\end{aligned}$$

e si può scrivere in funzione delle trasformate di Fourier dei campi come segue:

$$\begin{aligned}
\frac{d\mathcal{E}}{dt} &= \frac{cv}{2} \int_{-\infty}^{+\infty} \frac{dt}{2\pi} \int_{-\infty}^{+\infty} d\omega d\omega' \Big[-x_1 E_3(\mathbf{x}, \omega) B_2(\mathbf{x}, \omega') + \\
&\quad + x_2 E_3(\mathbf{x}, \omega) B_1(\mathbf{x}, \omega') \Big] e^{-i(\omega+\omega')t} \\
&= \frac{cv}{2} \int_{-\infty}^{+\infty} d\omega E_3(\mathbf{x}, \omega) \Big[-x_1 B_2(\mathbf{x}, -\omega) + x_2 B_1(\mathbf{x}, -\omega) \Big] \\
&= cv \int_0^{\infty} d\omega E_3(\mathbf{x}, \omega) \Big[-x_1 B_2^\star(\mathbf{x}, \omega) + x_2 B_1^\star(\mathbf{x}, \omega) \Big]. \qquad (B.25)
\end{aligned}$$

Abbiamo usato la rappresentazione integrale della delta di Dirac $\delta(\omega + \omega')$, e sfruttato la condizione di realtà dei campi che implica, per le componenti di Fourier, $\mathbf{B}(-\omega) = \mathbf{B}^\star(\omega)$.

A questo punto è opportuno utilizzare le espressioni esplicite dei campi (B.17) e (B.19), che forniscono

$$-x_1 B_2^\star + x_2 B_1^\star = -\frac{\epsilon v}{c}\left(x_1 E_1^\star + x_2 E_2^\star\right)$$

$$= -\frac{q}{c}\sqrt{\frac{2}{\pi}}\,\lambda^\star r K_1^\star(\lambda r)e^{-i\omega x_3/v}, \tag{B.26}$$

per cui l'argomento dell'integrale (B.25) diventa:

$$E_3\left(-x_1 B_2^\star + x_2 B_1^\star\right) = i\frac{q^2}{\epsilon c}\left(\frac{2}{\pi}\right)\frac{\lambda^2}{\omega}\lambda^\star r K_0(\lambda r)K_1^\star(\lambda r). \tag{B.27}$$

Inoltre, poichè dobbiamo valutare la potenza emessa a grande distanza dalla sorgente, possiamo prendere il limite $r \to \infty$. Sfruttando il comportamento asintotico delle funzioni di Bessel per grandi argomenti,

$$K_0(\lambda r) \simeq K_1(\lambda r) \simeq \sqrt{\frac{\pi}{2\lambda r}}e^{-\lambda r}, \tag{B.28}$$

troviamo allora che l'integrando (B.27), nel limite $r \to \infty$, si riduce a:

$$i\frac{q^2}{c}\sqrt{\frac{\lambda^\star}{\lambda}}\frac{\omega}{c^2}\left(\frac{c^2}{\epsilon v^2} - 1\right)e^{-(\lambda+\lambda^\star)r}. \tag{B.29}$$

Il comportamento fisico di questi campi dipende in maniera cruciale dal segno del termine in parentesi d'onda dell'equazione precedente. Ricordando la definizione di λ, Eq. (B.18), vediamo infatti che ci sono due possibilità da considerare.

Se $v^2 < c^2/\epsilon$ allora λ è reale, $\lambda = \lambda^\star$, e l'integrando (B.29) tende rapidamente a zero per $r \to \infty$. La potenza irraggiata è nulla a distanza sufficientemente grandi dalla sorgente, ossia non c'è alcun flusso di radiazione dal sistema {carica + dielettrico} verso l'esterno.

Se invece $v^2 > c^2/\epsilon$ allora λ è immaginario puro, $\lambda = i|\lambda|$. Ne consegue che $\lambda + \lambda^* = 0$, $\sqrt{\lambda^*/\lambda} = i$, l'integrando (B.29) tende a una costante diversa da zero per $r \to \infty$, e il sistema emette radiazione elettromagnetica verso l'esterno con una potenza che, dall'Eq. (B.25), è data da

$$\frac{d\mathcal{E}}{dt} = v\frac{q^2}{c^2}\int_0^\infty d\omega\,\omega\left(1 - \frac{c^2}{v^2\epsilon}\right). \tag{B.30}$$

Questo effetto, scoperto da Cherenkov e spiegato teoricamente da Frank e Tamm nel 1937, si manifesta dunque ogniqualvolta una particella carica si muove con velocità v superiore alla velocità di fase $c/\sqrt{\epsilon}$ delle onde elettromagnetiche in quel mezzo. Se il mezzo è dispersivo, $\epsilon = \epsilon(\omega)$, per ogni frequenza ω c'è una velocità di soglia

$$v_\omega = \frac{c}{\sqrt{\epsilon(\omega)}} \tag{B.31}$$

(e quindi un'energia di soglia) al di sopra della quale viene emessa radiazione Cherenkov di quella frequenza. La corrispondente potenza di emissione è caratterizzata dalla distribuzione spettrale

$$\frac{dP(\omega)}{d\omega} \equiv \frac{d^2\mathcal{E}}{d\omega dt} = v\frac{q^2}{c^2}\,\omega\left[1 - \frac{c^2}{v^2\epsilon(\omega)}\right],\tag{B.32}$$

che si ottiene direttamente dall'Eq. (B.30).

La radiazione Cherenkov è anche caratterizzata da una specifica direzione di emissione, che dipende in generale dalla frequenza, e che forma un angolo θ_ω con la traiettoria della particella carica (che nel nostro esempio coincide con l'asse x_3).

Per calcolare tale angolo mettiamoci nel piano $\{x_3, x_1\}$, ponendo $x_2 = 0$ nelle espressioni (B.17), (B.19) dei campi elettromagnetici. In questo piano abbiamo $B_1 = B_3 = 0$, e il vettore di Poynting $\mathbf{S}$ (che individua la direzione della radiazione emessa, e che è ortogonale a $\mathbf{E}$), ha componenti

$$S_1 = -\frac{c}{4\pi}E_3 B_2, \qquad S_3 = \frac{c}{4\pi}E_1 B_2.\tag{B.33}$$

La radiazione emessa all'infinito si propaga dunque lungo una direzione che forma con la traiettoria un angolo θ_ω tale che

$$\tan\theta_\omega = \lim_{r\to\infty}\left(\frac{S_1}{S_3}\right) = \lim_{r\to\infty}\left(-\frac{E_3}{E_1}\right) = iv\frac{\lambda}{\omega} = \sqrt{\frac{v^2\epsilon(\omega)}{c^2} - 1}\tag{B.34}$$

(si veda la Fig. B.1).

L'angolo è reale se la velocità v supera la velocità di soglia (B.31), ossia se $v > c/\sqrt{\epsilon(\omega)}$. Sfruttando l'invarianza per rotazioni nel piano ortogonale al moto possiamo concludere che la radiazione Cherenkov si distribuisce sulla superficie di un cono, che ha il vertice sulla traiettoria della particella e un'apertura angolare θ_ω che dipende dalla frequenza se il mezzo è dispersivo. Dall'Eq. (B.34) abbiamo, in particolare,

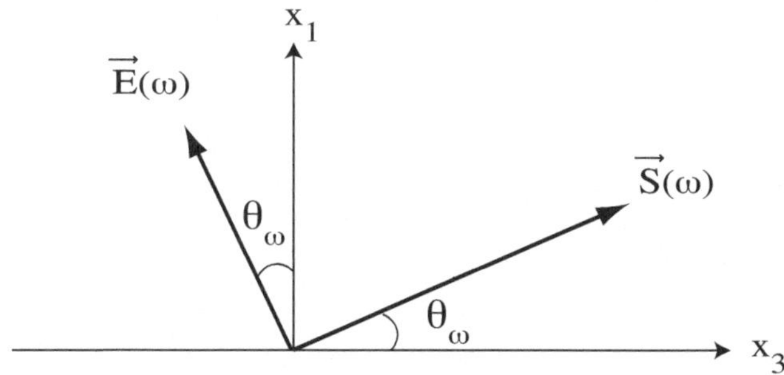

Figura B.1. Il vettore di Poynting $\mathbf{S}$ della radiazione Cherenkov nel piano $\{x_3, x_1\}$. La radiazione di frequenza ω si propaga sulla superficie di un cono centrato sulla traiettoria della particella, con apertura angolare $\cos\theta_\omega$ definita dall'Eq. (B.35)

$$\cos\theta_\omega = \frac{v_\omega}{v} = \frac{c}{v\sqrt{\epsilon(\omega)}} < 1. \tag{B.35}$$

L'apertura del cono Cherenkov parte dal valore di soglia $\theta_\omega = \pi/2$ per $v = v_\omega$, e diventa sempre più stretta all'aumentare della velocità della particella carica.

B.2 Campi elettromagnetici in un dielettrico in movimento

In questa sezione illustreremo una procedura alternativa per calcolare i campi elettromagnetici (B.16): risolveremo le equazioni di Maxwell nel riferimento S' in cui la carica è a riposo, ed effettueremo poi una trasformazione di Lorentz dei campi per esprimere le soluzioni trovate nel sistema S a riposo col dielettrico.

Questa procedura è formalmente simile a quella già considerata nella Sez. 5.3, ma in questo caso la situazione è fisicamente differente perchè la carica è immersa in un dielettrico anzichè nel vuoto. Nel sistema S' il dielettrico si muove con velocità $-\mathbf{v}$ rispetto alla sorgente carica, e il suo moto modifica le relazioni costitutive (B.10) valide per un dielettrico a riposo: ne consegue che le equazioni di Maxwell del sistema S' differiscono da quelle del sistema S non solo per lo stato delle sorgenti, ma anche per lo stato dei campi di induzione del mezzo.

In un mezzo omogeneo e isotropo, con costante dielettrica ϵ e permeabilità magnetica μ, e con stato cinematico descritto dal quadrivettore velocità u^α, la relazione costitutiva (B.7) si può scrivere in generale come segue:

$$G^{\mu\nu} = \left[-\frac{\epsilon}{c^2} u^\alpha \left(u^\mu \eta^{\nu\beta} - u^\nu \eta^{\mu\beta} \right) + \frac{1}{2\mu c^2} \epsilon^{\mu\nu\rho\sigma} \epsilon_\rho{}^{\alpha\beta\gamma} u_\gamma u_\sigma \right] F_{\alpha\beta}. \tag{B.36}$$

Se il mezzo è a riposo si ha $u^i = 0$, $u^4 = c$, e si ritrovano infatti le espressioni (B.9), (B.10). Se il mezzo è in movimento, invece, si ottengono delle relazioni costitutive che mescolano tra loro i campi elettrici e magnetici.

Per scrivere tali relazioni in forma vettoriale è conveniente moltiplicare l'Eq. (B.36) per il quadrivettore velocità u^λ, prendendone poi la traccia $(u_\mu G^{\mu\nu})$ e la parte completamente antisimmetrica $(u^{[\lambda} G^{\mu\nu]})$. Nel primo caso (sfruttando la condizione di normalizzazione $u_\mu u^\mu = -c^2$) si ottiene una relazione che contiene solo ϵ,

$$u_\mu G^{\mu\nu} = \epsilon\, u_\alpha F^{\alpha\nu}, \tag{B.37}$$

mentre nel secondo caso si arriva a una relazione che contiene solo μ,

$$u^{[\lambda} G^{\mu\nu]} = \frac{1}{2\mu c^2} u^{[\lambda} \epsilon^{\mu\nu]\rho\sigma} \epsilon_\rho{}^{\alpha\beta\gamma} u_\gamma u_\sigma F_{\alpha\beta}. \tag{B.38}$$

Moltiplicando per $\epsilon_{\lambda\mu\nu\delta}$, e sfruttando la regola di prodotto

$$\epsilon_{\lambda\mu\nu\delta}\,\epsilon^{\mu\nu\rho\sigma} = -2\left(\delta^\rho_\lambda\delta^\sigma_\delta - \delta^\rho_\delta\delta^\sigma_\lambda\right) \tag{B.39}$$

(che segue dalle definizioni (5.17), (5.18)), la relazione (B.38) per la permeabilità magnetica si può anche riscrivere nella forma seguente,

$$\epsilon_{\lambda\alpha\beta\delta}\,u^\lambda F^{\alpha\beta} = \mu\,\epsilon_{\lambda\mu\nu\delta}\,u^\lambda G^{\mu\nu}. \tag{B.40}$$

Esprimiamo ora le equazioni (B.37), (B.40) in forma vettoriale, supponendo che il dielettrico sia in moto con velocità $\mathbf{V}$ e quadrivettore velocità

$$u^\lambda = (\gamma\mathbf{V}, \gamma c)\,, \tag{B.41}$$

dove γ è il fattore di Lorentz associato a $\mathbf{V}$, $\gamma = (1 - V^2/c^2)^{-1/2}$. Cominciamo dall'Eq. (B.37). La componente spaziale $\nu = i$ fornisce

$$u_4 G^{4i} + u_j G^{ji} = \epsilon\left(u_4 F^{4i} + u_j F^{ji}\right)\,, \tag{B.42}$$

ossia, usando le componenti di u, F e G (equazioni (B.41), (B.2) e (5.4)), e dividendo per $-\gamma$,

$$cD^i + \epsilon^{ijk}V_j H_k = \epsilon\left(cE^i + \epsilon^{ijk}V_j B_k\right)\,. \tag{B.43}$$

In forma esplicitamente vettoriale:

$$\mathbf{D} + \frac{\mathbf{V}}{c}\times\mathbf{H} = \epsilon\left(\mathbf{E} + \frac{\mathbf{V}}{c}\times\mathbf{B}\right)\,. \tag{B.44}$$

La componente $\nu = 4$ dell'Eq. (B.37) fornisce $\mathbf{V}\cdot\mathbf{D} = \epsilon\mathbf{V}\cdot\mathbf{E}$, che segue anche automaticamente dalla relazione precedente.

Consideriamo poi l'Eq. (B.40). La componente $\delta = i$ fornisce

$$\epsilon_{4jki}u^4 F^{jk} + 2\epsilon_{k4ji}u^k F^{4j} = \mu\left(\epsilon_{4jki}u^4 G^{jk} + 2\epsilon_{k4ji}u^k G^{4j}\right)\,, \tag{B.45}$$

ossia, dividendo per 2γ,

$$cB_i - \epsilon_{ijk}V^j E^k = \mu\left(cH_i - \epsilon_{ijk}V^j D^k\right)\,. \tag{B.46}$$

In forma vettoriale:

$$\mathbf{B} - \frac{\mathbf{V}}{c}\times\mathbf{E} = \mu\left(\mathbf{H} - \frac{\mathbf{V}}{c}\times\mathbf{D}\right)\,. \tag{B.47}$$

La componente $\delta = 4$ fornisce infine $\mathbf{V}\cdot\mathbf{B} = \mu\mathbf{V}\cdot\mathbf{H}$, che rappresenta anch'essa una conseguenza automatica della relazione precedente.

Le relazioni costitutive (B.44), (B.47) – anche dette relazioni di Minkowski – generalizzano le relazioni (B.10) al caso di un dielettrico in moto con velocità

$\mathbf{V}$, e insieme alle equazioni di Maxwell (B.6) forniscono le basi per lo studio dei fenomeni elettrodinamici nei dielettrici in movimento.

Applichiamo tali equazioni mettendoci nel sistema S' in cui la carica puntiforme q è a riposo nell'origine delle coordinate, $\rho' = q\delta^3(\mathbf{x}')$, e il dielettrico si muove con velocità $\mathbf{V} = -\mathbf{v}$ lungo l'asse x_3. Supponiamo, come prima, che ϵ sia costante e uniforme, e che $\mu = 1$. Nel sistema S' si ha $\mathbf{J}' = 0$, il campo $\mathbf{D}'$ generato da ρ' è statico ($\partial_4\mathbf{D}' = 0$), e soddisfa l'equazione di Maxwell

$$\boldsymbol{\nabla}' \cdot \mathbf{D}' = 4\pi\rho' = 4\pi q\delta^3(\mathbf{x}'). \tag{B.48}$$

Il campo di induzione magnetica $\mathbf{H}'$ non ha sorgenti nelle equazioni di Maxwell (B.6) e possiamo porlo uguale a zero, mentre il campo $\mathbf{B}'$, in accordo all'Eq. (B.47), soddisfa alla condizione

$$\mathbf{B}' = -\frac{\mathbf{v}}{c} \times (\mathbf{E}' - \mathbf{D}') . \tag{B.49}$$

Usando questa condizione per eliminare $\mathbf{B}'$ dall'Eq. (B.44) otteniamo allora la seguente relazione tra $\mathbf{D}'$ e $\mathbf{E}'$:

$$\mathbf{D}' + \frac{\epsilon}{c^2}\mathbf{v} \times (\mathbf{v} \times \mathbf{D}') = \epsilon\mathbf{E}' + \frac{\epsilon}{c^2}\mathbf{v} \times (\mathbf{v} \times \mathbf{E}') . \tag{B.50}$$

Per risolvere l'Eq. (B.48) conviene sostituire $\mathbf{D}'$ con $\mathbf{E}'$, ed esprimere il campo elettrico del vuoto in funzione del potenziale elettrostatico in accordo all'Eq. (B.3). A questo proposito scomponiamo l'Eq. (B.50) nelle componenti parallele e ortogonali al moto lungo l'asse x_3, ottenendo rispettivamente

$$D'_{||} = D'_3 = \epsilon E'_3, \qquad\qquad \mathbf{D}'_\perp = \frac{\epsilon}{\alpha}\mathbf{E}'_\perp, \tag{B.51}$$

dove

$$\alpha = \frac{1 - \epsilon v^2/c^2}{1 - v^2/c^2}. \tag{B.52}$$

Sostituiamo nell'Eq. (B.48),

$$\frac{\epsilon}{\alpha} \left(\partial'_1 E'_1 + \partial'_2 E'_2\right) + \epsilon\partial'_3 E'_3 = 4\pi q\delta^3(\mathbf{x}'), \tag{B.53}$$

e introduciamo il potenziale ϕ' tale che $\mathbf{E}' = -\boldsymbol{\nabla}'\phi'$. Arriviamo così all'equazione differenziale del secondo ordine

$$\left(\partial'^2_1 + \partial'^2_2 + \alpha\partial'^2_3\right) \phi' = -4\pi\frac{\alpha}{\epsilon}q\delta^3(\mathbf{x}'), \tag{B.54}$$

che differisce dall'ordinaria equazione di Poisson per un campo elettrostatico a simmetria sferica a causa della presenza del coefficiente α, dovuto al moto del dielettrico lungo l'asse x_3.

Per risolvere tale equazione utilizziamo le trasformate di Fourier del campi, $\phi'(\mathbf{k}')$, $\mathbf{E}'(\mathbf{k}')$, definite da

$$\phi'(\mathbf{x}') = \int \frac{d^3 k'}{(2\pi)^{3/2}} e^{i\mathbf{k}' \cdot \mathbf{x}'} \phi'(\mathbf{k}') \tag{B.55}$$

(e lo stesso per $\mathbf{E}'$). Dall'Eq. (B.54) otteniamo allora

$$\phi'(\mathbf{k}') = \frac{\alpha}{\epsilon} \sqrt{\frac{2}{\pi}} \frac{q}{k_1'^2 + k_2'^2 + \alpha k_3'^2}, \tag{B.56}$$

ed inoltre abbiamo

$$\mathbf{E}'(\mathbf{k}') = -i\mathbf{k}' \phi'(\mathbf{k}') \tag{B.57}$$

per il campo elettrico. La componente di Fourier $\mathbf{E}'(\mathbf{k}', \omega')$ nel sistema a riposo con la carica è quindi data da:

$$\mathbf{E}'(\mathbf{k}', \omega') = \int \frac{dt'}{\sqrt{2\pi}} e^{i\omega' t'} \mathbf{E}'(\mathbf{k}') = -2iq \frac{\alpha}{\epsilon} \mathbf{k}' \frac{\delta(\omega')}{k_1'^2 + k_2'^2 + \alpha k_3'^2}. \tag{B.58}$$

A questo punto abbiamo tutti gli elementi per effettuare la trasformazione di Lorentz al sistema S in cui il dielettrico è a riposo, e la carica si muove con velocità $\mathbf{v} = (0, 0, v)$. Le variabili di Fourier $\mathbf{k}$ e ω corrispondono alle componenti del quadrivettore $k^\mu = (\mathbf{k}, \omega/c)$ che, per un *boost* lungo l'asse x_3, obbedisce alla ben nota legge di trasformazione

$$\mathbf{k}'_\perp = \mathbf{k}_\perp, \qquad k'_{||} = k'_3 = \gamma \left(k_3 - \frac{v\omega}{c^2}\right),$$
$$\omega' = \gamma \left(\omega - vk_3\right) \tag{B.59}$$

(si veda il Capitolo 2). Per le componenti del campo elettrico, invece, abbiamo la trasformazione (5.48), ossia

$$E_{||} = E'_{||}, \qquad \mathbf{E}_\perp = \gamma \left(\mathbf{E}'_\perp - \frac{\mathbf{v}}{c} \times \mathbf{B}'\right). \tag{B.60}$$

Ci servono dunque le componenti del campo magnetico nel sistema S', che sono date dall'Eq. (B.49). Combinandole con la (B.51) otteniamo

$$B'_3 = 0,$$
$$B'_1 = \frac{v}{c}(E'_2 - D'_2) = \frac{v}{c} E'_2 \left(1 - \frac{\epsilon}{\alpha}\right),$$
$$B'_2 = -\frac{v}{c}(E'_1 - D'_1) = -\frac{v}{c} E'_1 \left(1 - \frac{\epsilon}{\alpha}\right), \tag{B.61}$$

e sostituendo nella (B.60) arriviamo a

$$E_3 = E'_3, \qquad E_1 = \frac{\gamma}{\alpha} E'_1, \qquad E_2 = \frac{\gamma}{\alpha} E'_2. \tag{B.62}$$

Usando per $\mathbf{E}'$ la soluzione (B.58), e per $\mathbf{k}'$, ω' la trasformazione (B.59), abbiamo quindi:

$$E_3(\mathbf{k}, \omega) = -2iq\frac{\alpha}{\epsilon}\left(k_3 - \frac{v\omega}{c^2}\right)\frac{\delta(\omega - k_3 v)}{k_1^2 + k_2^2 + \alpha\gamma^2\left(k_3 - v\omega/c^2\right)^2},$$

$$\mathbf{E}_\perp(\mathbf{k}, \omega) = -\frac{2iq}{\epsilon}\mathbf{k}_\perp\frac{\delta(\omega - k_3 v)}{k_1^2 + k_2^2 + \alpha\gamma^2\left(k_3 - v\omega/c^2\right)^2}. \tag{B.63}$$

Possiamo ora notare che per ottenere $\mathbf{E}(\mathbf{x}, \omega)$, e calcolare il flusso elettromagnetico in funzione della distanza dalla traiettoria, le precedenti equazioni vanno integrate in $d^3 k$ (si veda l'Eq. (B.17)). La presenza di $\delta(\omega - k_3 v)$ sotto integrale ci permette allora di sostituire ovunque ω con $k_3 v$, e quindi, in particolare, di effettuare le sostituzioni

$$\alpha\gamma^2\left(k_3 - \frac{v\omega}{c^2}\right) \to \left(1 - \frac{\epsilon v^2}{c^2}\right)k_3^2 \equiv k_3^2 - \frac{\epsilon\omega}{c^2},$$

$$-\frac{\alpha}{\epsilon}\left(k_3 - \frac{v\omega}{c^2}\right) \to -\frac{k_3}{\epsilon}\left(1 - \frac{\epsilon v^2}{c^2}\right) \equiv \frac{v\omega}{c^2} - \frac{k_3}{\epsilon}. \tag{B.64}$$

Inserendo queste espressioni nelle componenti (B.63) del campo elettrico ritroviamo esattamente per $\mathbf{E}(\mathbf{k}, \omega)$ il risultato (B.16) della sezione precedente.

Calcoliamo infine il campo magnetico $\mathbf{B}$ del sistema S, che si può ottenere da quello di S' mediante la regola di trasformazione

$$B_\| = B'_\|, \qquad \mathbf{B}_\perp = \gamma\left(\mathbf{B}'_\perp + \frac{\mathbf{v}}{c} \times \mathbf{E}'\right) \tag{B.65}$$

(si veda l'Eq. (5.44)). Usando l'Eq. (B.61) per $\mathbf{B}'$ e l'Eq. (B.62) per $\mathbf{E}'$ otteniamo

$$B_1 = -\frac{v}{c}\epsilon E_2, \qquad B_2 = \frac{v}{c}E_1, \qquad B_3 = 0, \tag{B.66}$$

ossia

$$\mathbf{B} = \epsilon\frac{\mathbf{v}}{c} \times \mathbf{E}, \tag{B.67}$$

in esatto accordo con i risultati (B.16), (B.20) della sezione precedente.

Esercizi

Esercizio N.1.

Stabilire quali condizioni devono essere soddisfatte dai parametri a, b, c, d affinchè la matrice

$$\Lambda = \begin{pmatrix} 1 & 0 & 0 & 0 \\ 0 & a & 0 & b \\ 0 & 0 & 1 & 0 \\ 0 & c & 0 & d \end{pmatrix} \tag{E.1}$$

rappresenti una trasformazione di Lorentz del gruppo $O(3,1)$. Discutere e interpretare fisicamente i possibili valori dei quattro parametri.

Esercizio N.2.

Si consideri una matrice Λ_B di tipo (2.32) che rappresenta un *boost* con velocità v lungo la direzione dell'asse x_i, e la si approssimi al primo ordine in v/c ponendo

$$\Lambda_{B_i}(v) = I + iK_i \frac{v}{c} + \mathcal{O}\left(\frac{v^2}{c^2}\right), \tag{E.2}$$

dove K_i è una appropriata matrice 4×4. Si mostri che per gli assi x_1 e x_2 vale la regola di commutazione

$$[K_1, K_2] = -iJ_3, \tag{E.3}$$

dove J_3 è il generatore di rotazioni attorno all'asse x_3, tale che la matrice di rotazione corrispondente ad un angolo θ infinitesimo può essere approssimata come segue:

$$\Lambda_{R_3}(\theta) = I + iJ_3\theta + \mathcal{O}\left(\theta^2\right). \tag{E.4}$$

Si discuta infine l'estensione della relazione (E.3) al caso delle altre direzioni spaziali.

Esercizio N.3.

Dimostrare che le componenti del tensore delta di Kronecker δ^ν_μ sono invarianti per trasformazioni di Lorentz.

Esercizio N.4.

Dimostrare che le componenti del simbolo completamente antisimmetrico $\epsilon^{\mu\nu\alpha\beta}$ sono invarianti per trasformazioni del gruppo $SO(3,1)$.

Esercizio N.5.

Dimostrare che le proprietà di simmetria e antisimmetria degli indici tensoriali sono invarianti per trasformazioni di Lorentz.

Esercizio N.6.

Calcolare le componenti del tensore duale $\widetilde{F}^{\mu\nu}$ del campo elettromagnetico, definito dalla relazione

$$\widetilde{F}^{\mu\nu} = \frac{1}{2}\epsilon^{\mu\nu\alpha\beta}F_{\alpha\beta}. \tag{E.5}$$

Esercizio N.7.

Calcolare i due invarianti relativistici associati al tensore del campo elettromagnetico, $F^{\mu\nu}F_{\mu\nu}$ e $\epsilon^{\mu\nu\alpha\beta}F_{\alpha\beta}F_{\mu\nu}$, in funzione delle componenti vettoriali $\mathbf{E}$ e $\mathbf{B}$.

Esercizio N.8.

Determinare, in forma vettoriale, la legge di trasformazione del campo elettrico $\mathbf{E}$ e del campo magnetico $\mathbf{B}$ per un generico *boost* rappresentato dalla matrice di Lorentz Λ_B dell'Eq. (2.32).

Esercizio N.9.

In un sistema inerziale S' due eventi sono simultanei e hanno separazione spaziale $\Delta x' = d'$ lungo l'asse x'. Calcolare la loro separazione spaziale e temporale nel sistema inerziale S che ha gli assi paralleli a quelli di S', l'asse x coincidente con x', e che si muove rispetto a S' con velocità $-v$ lungo l'asse $x' = x$.

Esercizio N.10.

Un oggetto puntiforme si muove di moto rettilineo e uniforme lungo l'asse y di un sistema inerziale S, emettendo in modo continuo radiazione luminosa che si propaga con velocità c in tutte le direzioni. La luce emessa viene ricevuta da due osservatori O_1 e O_2, a riposo nel piano $\{x, y\}$ del sistema S, localizzati rispettivamente nei punti di coordinate (b, a) e $(b, -a)$. Si consideri la posizione apparente dell'oggetto determinata dall'intersezione delle traiettorie dei raggi luminosi ricevuti simultaneamente dai due osservatori O_1 e O_2. Determinare le equazioni parametriche e l'equazione della traiettoria del moto apparente dell'oggetto luminoso nel sistema inerziale dato.

Esercizio N.11.

Si mostri che è possibile associare un'onda piana alla propagazione di una particella libera relativistica purchè la velocità della particella corrisponda alla velocità di gruppo u_g dell'onda, collegata alla velocità di fase w dalla relazione $u_g = c^2/w$.

Esercizio N.12.

Sfruttando il risultato dell'esercizio precedente, e assumendo che l'energia $\mathcal{E}$ della particella relativistica sia proporzionale alla frequenza ω dell'onda ad essa associata, $\mathcal{E}/\omega = \hbar = $ costante, si mostri che deve valere la relazione di De Broglie $\mathbf{p} = \hbar\mathbf{k}$, dove $\mathbf{p}$ è l'impulso relativistico e $\mathbf{k}$ la parte spaziale del quadrivettore d'onda $k^\mu = (\mathbf{k}, \omega/c)$.

Esercizio N.13.

Il moto di una particella è descritto dal quadrivettore velocità

$$u^\mu = (\gamma(u)\mathbf{u}, \gamma(u)c) \tag{E.6}$$

rispetto al sistema inerziale S, e dal quadrivettore velocità

$$u'^\mu = (\gamma(u')\mathbf{u}', \gamma(u')c) \tag{E.7}$$

rispetto al sistema inerziale S'. Si noti che stiamo usando una notazione compatta in cui poniamo

$$\gamma(u) = \frac{1}{\sqrt{1 - u^2/c^2}}, \qquad \gamma(u') = \frac{1}{\sqrt{1 - u'^2/c^2}}. \tag{E.8}$$

Il sistema S' è collegato a S da un *boost* effettuato con velocità $\mathbf{v}$ lungo una direzione arbitraria. Ricavare la relazione tra le velocità vettoriali $\mathbf{u}$ e $\mathbf{u}'$ – già presentata nell'Eq. (4.14) – partendo dalla corrispondente trasformazione di Lorentz dei quadrivettori velocità.

Esercizio N.14.

Calcolare il modulo del quadrivettore accelerazione supponendo che i due vettori $\mathbf{v} = d\mathbf{x}/dt$ e $\mathbf{a} = d\mathbf{v}/dt$ non siano paralleli tra loro.

Esercizio N.15.

Determinare l'effetto di una generica trasformazioni di Lorentz sulle componenti del vettore forza relativistica $\mathbf{f} = d\mathbf{p}/dt$, definito dall'Eq. (6.44). Scrivere inoltre la legge di trasformazione nel caso particolare di un *boost* con velocità v lungo l'asse x.

Esercizio N.16.

In un riferimento inerziale S è presente un campo elettrico $\mathbf{E}$ e un campo magnetico $\mathbf{B}$. I campi sono costanti, uniformi, e ortogonali tra loro. Calcolare il campo magnetico nel sistema S' in cui il corrispondente campo elettrico è nullo.

Esercizio N.17.

Una particella puntiforme di massa m e carica q è sottoposta all'azione di un campo elettromagnetico. Nel sistema S del laboratorio il campo è descritto dal potenziale $A^\mu = r^\mu s^\nu x_\nu$, dove r e s sono quadrivettori che non dipendono dalle coordinate, e la particella si muove di moto rettilineo e uniforme con velocità di modulo v_0. Tale velocità viene istantaneamente modificata a causa di un intervento esterno: la particella acquista una nuova velocità iniziale che non è allineata con la direzione del campo magnetico, e cambia il suo stato di moto. Determinare il periodo del nuovo regime di moto sul piano ortogonale al campo magnetico nel sistema del laboratorio, e dimostrare che tale periodo è costante.

Esercizio N.18.

Una particella relativistica di massa m si muove in un campo di forze centrali descritto dal vettore

$$\mathbf{f} = \frac{d\mathbf{p}}{dt} = -g^2 \frac{\mathbf{r}}{r^3}, \tag{E.9}$$

dove g^2 è un'opportuna costante di accoppiamento che dipende dal tipo di interazione considerato. Verificare che le orbite non circolari (con eccentricità e tale che $0 < e < 1$) non sono chiuse, e calcolare il corrispondente angolo di precessione.

Esercizio N.19.

Siano date due particelle di massa m_1, m_2 che nel sistema S del laboratorio hanno impulsi relativistici $\mathbf{p}_1, \mathbf{p}_2$. Calcolare l'energia della particella di massa m_1 nel sistema di riferimento in cui la particella di massa m_2 è a riposo.

Esercizio N.20.

In un processo di decadimento, una particella iniziale di massa M si disintegra in n particelle di massa $m_1, m_2, \ldots, m_n$. Qual è la massima energia cinetica che può essere acquistata dalla particella di massa m_1 nel sistema del centro di massa?

Esercizio N.21.

Ricavare la formula che descrive l'effetto Compton sfruttando il fatto che, per un urto elastico, gli impulsi nel centro di massa dopo l'urto sono collegati a quelli prima dell'urto da una semplice rotazione nel piano di collisione.

Esercizio N.22.

Si consideri un processo a due corpi in cui una particella di massa m_1 ed energia cinetica $\mathcal{E}_1$ nel sistema del laboratorio urta (in modo anelastico) una particella di massa m_2, che nel laboratorio è ferma. La collisione produce due nuove particelle di massa m_3 ed m_4. Calcolare le loro energie cinetiche finali nel sistema del laboratorio sapendo che, nel sistema del centro di massa, la particella di massa m_3 viene emessa con un angolo θ' rispetto alla direzione della particella incidente (si veda la Fig. A.1, con $\overline{p}_1$, $\overline{p}_2$ sostituiti rispettivamente da p_3, p_4).

Soluzioni

Esercizio N.1. Soluzione

La condizione di gruppo $\Lambda^T \eta \Lambda = \eta$, dove η è la metrica di Minkowski (2.14), fornisce le tre condizioni seguenti

$$ab = cd, \qquad a^2 - c^2 = 1, \qquad b^2 - d^2 = -1. \qquad \text{(S.1)}$$

Le corrispondenti soluzioni per i parametri a, b, c, d possono essere divise in tre classi.

- La prima classe di soluzioni, con

$$b = c = 0, \qquad a = \pm 1, \qquad d = \pm 1, \qquad \text{(S.2)}$$

comprende la trasformazione identica $\Lambda = I$, e la riflessione della coordinata spaziale x_2 e/o della coordinata temporale x_4.

- La seconda classe di soluzioni, con

$$b = c, \qquad a = d = \pm\sqrt{1 + b^2}, \qquad \text{(S.3)}$$

descrive un *boost* lungo l'asse x_2 con velocità $v/c = \pm b/\sqrt{1 + b^2}$ e fattore di Lorentz $\gamma = \sqrt{1 + b^2}$, eventualmente combinato con la riflessione delle coordinate x_2 e x_4 se a e d sono negativi.

- Infine, la terza classe di soluzioni, con

$$b = -c, \qquad a = -d = \pm\sqrt{1 + b^2}, \qquad \text{(S.4)}$$

descrive ancora un *boost* lungo l'asse x_2 con velocità $v/c = \pm b/\sqrt{1 + b^2}$, combinato con una riflessione dell'asse x_2 (se $a < 0$), oppure una riflessione dell'asse x_4 (se $d < 0$).

Esercizio N.2. Soluzione

Consideriamo un *boost* con velocità v lungo l'asse x_1. Sviluppando al primo ordine in v/c la corrispondente matrice (2.32) troviamo che le componenti diverse da zero sono le seguenti,

$$(A_{B_1})^i{}_j = \delta^i_j, \qquad (A_{B_1})^4{}_4 = 1, \qquad (A_{B_1})^1{}_4 = (A_{B_1})^4{}_1 = -\frac{v}{c}, \qquad (\text{S.5})$$

e il confronto con l'Eq. (E.2) fornisce

$$K_1 = \begin{pmatrix} 0 & 0 & 0 & i \\ 0 & 0 & 0 & 0 \\ 0 & 0 & 0 & 0 \\ i & 0 & 0 & 0 \end{pmatrix}. \qquad (\text{S.6})$$

Procedendo allo stesso modo per il *boost* lungo l'asse x_2 otteniamo inoltre

$$K_2 = \begin{pmatrix} 0 & 0 & 0 & 0 \\ 0 & 0 & 0 & i \\ 0 & 0 & 0 & 0 \\ 0 & i & 0 & 0 \end{pmatrix}. \qquad (\text{S.7})$$

Un semplice calcolo esplicito fornisce allora il commutatore

$$[K_1, K_2] \equiv K_1 K_2 - K_2 K_1 = \begin{pmatrix} 0 & -1 & 0 & 0 \\ 1 & 0 & 0 & 0 \\ 0 & 0 & 0 & 0 \\ 0 & 0 & 0 & 0 \end{pmatrix} \equiv -iJ_3, \qquad (\text{S.8})$$

dove

$$J_3 = \begin{pmatrix} 0 & -i & 0 & 0 \\ i & 0 & 0 & 0 \\ 0 & 0 & 0 & 0 \\ 0 & 0 & 0 & 0 \end{pmatrix}. \qquad (\text{S.9})$$

È immediato verificare che l'operatore J_3 così ottenuto soddisfa alla relazione (E.4). Basta ricordare che una generica rotazione $A_{R_3}(\theta)$ attorno all'asse x_3, sviluppata al primo ordine in θ, assume la forma

$$A_{R_3}(\theta) = \begin{pmatrix} \cos\theta & \sin\theta & 0 & 0 \\ -\sin\theta & \cos\theta & 0 & 0 \\ 0 & 0 & 1 & 0 \\ 0 & 0 & 0 & 1 \end{pmatrix} = \begin{pmatrix} 1 & \theta & 0 & 0 \\ -\theta & 1 & 0 & 0 \\ 0 & 0 & 1 & 0 \\ 0 & 0 & 0 & 1 \end{pmatrix} + \mathcal{O}(\theta^2). \qquad (\text{S.10})$$

La matrice

$$-\frac{i}{\theta}\left(A_{R_3} - I\right) \qquad (\text{S.11})$$

riproduce dunque esattamente per J_3 il risultato (S.9).

Notiamo infine che la regola di commutazione (S.8) rimane valida permutando circolarmente gli indici $1, 2, 3$ (ossia le direzioni relative agli assi cartesiani x_1, x_2, x_3). In generale quindi abbiamo

$$[K_i, K_j] = -i\epsilon_{ijk}J^k, \tag{S.12}$$

come possiamo esplicitamente verificare calcolando i commutatori $[K_1, K_3]$ e $[K_2, K_3]$. Allo stesso modo si mostra che valgono anche le seguenti regole di commutazione:

$$[K_i, J_j] = -i\epsilon_{ijk}K^k, \qquad\qquad [J_i, J_j] = i\epsilon_{ijk}J^k. \tag{S.13}$$

Le relazioni (S.12), (S.13) rappresentano la cosiddetta "algebra di Lie" del gruppo di Lorentz ristretto.

Esercizio N.3. Soluzione

Applicando le regole di trasformazione tensoriali (si veda il Capitolo 3) abbiamo, per una generica trasformazione,

$$\delta'^{\mu}_{\nu} = \Lambda^{\mu}{}_{\alpha}(\Lambda^{-1})^{\beta}{}_{\nu}\,\delta^{\alpha}_{\beta} = \Lambda^{\mu}{}_{\alpha}(\Lambda^{-1})^{\alpha}{}_{\nu} \equiv \delta^{\mu}_{\nu}. \tag{S.14}$$

Nell'ultimo passagggio abbiamo applicato la definizione di matrice inversa (si veda l'Eq. (3.12)). Per ciò le componenti di δ^{μ}_{ν} restano le stesse in tutti i sistemi inerziali.

Esercizio N.4. Soluzione

Applicando le regole generali di trasformazione per un tensore controvariante di rango quattro abbiamo

$$\epsilon'^{\mu\nu\rho\sigma} = \Lambda^{\mu}{}_{\alpha}\Lambda^{\nu}{}_{\beta}\Lambda^{\rho}{}_{\gamma}\Lambda^{\sigma}{}_{\delta}\epsilon^{\alpha\beta\gamma\delta}. \tag{S.15}$$

D'altra parte, per la regola di calcolo dei determinanti, e per le definizioni (5.17), (5.18), abbiamo anche

$$\det\Lambda \equiv \epsilon^{1234}\det\Lambda = \Lambda^{1}{}_{\alpha}\Lambda^{2}{}_{\beta}\Lambda^{3}{}_{\gamma}\Lambda^{4}{}_{\delta}\epsilon^{\alpha\beta\gamma\delta}, \tag{S.16}$$

che implica la relazione tensoriale

$$\epsilon^{\mu\nu\rho\sigma}\det\Lambda = \Lambda^{\mu}{}_{\alpha}\Lambda^{\nu}{}_{\beta}\Lambda^{\rho}{}_{\gamma}\Lambda^{\sigma}{}_{\delta}\epsilon^{\alpha\beta\gamma\delta}. \tag{S.17}$$

Per il gruppo di Lorentz proprio $SO(3,1)$ si ha $\det\Lambda = 1$. In questo caso il confronto delle equazioni (S.15), (S.17) ci dice che il simbolo completamente antisimmetrico si trasforma correttamente come un tensore di rango quattro, ed inoltre che

$$\epsilon'^{\mu\nu\rho\sigma} = \epsilon^{\mu\nu\rho\sigma}, \tag{S.18}$$

ossia che le sue componenti sono invarianti rispetto al gruppo di trasformazioni considerato.

Notiamo infine che se le trasformazioni di coordinate sono caratterizzate da un determinante Jacobiano diverso da uno è ancora possibile imporre la condizione di invarianza (S.18), ma la relazione (S.17) implica allora che il simbolo ϵ si trasformi come uno "pseudo-tensore" (o *densità tensoriale*) di rango 4 e peso $w = -1$ (il peso è fissato dalla potenza del determinante Jacobiano che appare al membro destro della relazione $\epsilon' = \epsilon'(\epsilon)$).

Esercizio N.5. Soluzione

Si consideri il tensore simmetrico di rango due $S^{\mu\nu} = S^{\nu\mu}$. Applicando una generica trasformazione di Lorentz, e sfruttando la simmetria degli indici, abbiamo

$$S'^{\mu\nu} = \Lambda^\mu{}_\alpha \Lambda^\nu{}_\beta\, S^{\alpha\beta} = \Lambda^\mu{}_\alpha \Lambda^\nu{}_\beta\, S^{\beta\alpha} = \Lambda^\nu{}_\beta \Lambda^\mu{}_\alpha\, S^{\beta\alpha} = S'^{\nu\mu}. \tag{S.19}$$

La proprietà di simmetria non viene dunque modificata dalla trasformazione. Allo stesso modo, per un tensore antisimmetrico $A^{\mu\nu} = -A^{\nu\mu}$, abbiamo

$$A'^{\mu\nu} = \Lambda^\mu{}_\alpha \Lambda^\nu{}_\beta\, A^{\alpha\beta} = -\Lambda^\mu{}_\alpha \Lambda^\nu{}_\beta\, A^{\beta\alpha} = -\Lambda^\nu{}_\beta \Lambda^\mu{}_\alpha\, A^{\beta\alpha} = -A'^{\nu\mu}. \tag{S.20}$$

Anche in questo caso la proprietà degli indici non viene modificata dalla trasformazione.

Esercizio N.6. Soluzione

Partendo dalle componenti del tensore $F_{\mu\nu}$, date dall'Eq. (5.2), otteniamo

$$\widetilde{F}^{4i} = \frac{1}{2}\epsilon^{4ijk} F_{jk} = -\frac{1}{2}\epsilon^{ijk}\epsilon_{jkl}B^l = -B^i,$$
$$\widetilde{F}^{ij} = \epsilon^{ijk4} F_{k4} = \epsilon^{ijk} E_k,$$
$$\widetilde{F}^{i4} = \frac{1}{2}\epsilon^{i4jk} F_{jk} = \frac{1}{2}\epsilon^{ijk}\epsilon_{jkl}B^l = B^i \tag{S.21}$$

(abbiamo usato la definizione (5.17) e la proprietà (5.11) del simbolo di Levi-Civita). Perciò:

$$\widetilde{F}^{\mu\nu} = \frac{1}{2}\epsilon^{\mu\nu\alpha\beta} F_{\alpha\beta} = \begin{pmatrix} 0 & E_3 & -E_2 & B_1 \\ -E_3 & 0 & E_1 & B_2 \\ E_2 & -E_1 & 0 & B_3 \\ -B_1 & -B_2 & -B_3 & 0 \end{pmatrix}. \tag{S.22}$$

Il confronto con le componenti (5.5) del tensore elettromagnetico mostra che la trasformazione duale $F^{\mu\nu} \to \widetilde{F}^{\mu\nu}$ corrisponde, in forma vettoriale, alla trasformazione $\mathbf{B} \to \mathbf{E}$, $\mathbf{E} \to -\mathbf{B}$.

Esercizio N.7. Soluzione

Cominciamo con il primo scalare $F^{\mu\nu}F_{\mu\nu}$, che è proporzionale alla densità di Lagrangiana del campo elettromagnetico libero (si veda l'Eq. (5.95)). Usando le componenti esplicite (5.2), (5.4) otteniamo

$$
\begin{aligned}
F^{\mu\nu}F_{\mu\nu} &= F^{ij}F_{ij} + F^{i4}F_{i4} + F^{4i}F_{4i} \\
&= \epsilon^{ijk}\epsilon_{ijl}B_k B^l - 2E^i E_i \\
&= 2\left(|\mathbf{B}|^2 - |\mathbf{E}|^2\right).
\end{aligned}
\tag{S.23}
$$

Consideriamo poi il secondo invariante, osservando che

$$
\epsilon^{\mu\nu\alpha\beta}F_{\alpha\beta}F_{\mu\nu} = 2\widetilde{F}^{\mu\nu}F_{\mu\nu} = 2\left(\widetilde{F}^{ij}F_{ij} + 2\widetilde{F}^{i4}F_{i4}\right),
\tag{S.24}
$$

dove $\widetilde{F}$ è il tensore duale definito nell'Esercizio N.6. Sfruttando il risultato dell'esercizio precedente abbiamo allora

$$
\epsilon^{\mu\nu\alpha\beta}F_{\alpha\beta}F_{\mu\nu} = 4E_i B^i + 4B^i E_i = 8\mathbf{E}\cdot\mathbf{B}.
\tag{S.25}
$$

Esercizio N.8. Soluzione

Per le componenti del campo elettrico possiamo direttamente applicare la generica legge di trasformazione (5.32). Sostituendo le componenti (2.32) della matrice di *boost* Λ_B abbiamo:

$$
\begin{aligned}
E'^i = F'^{4i} &= \Lambda^4{}_\alpha \Lambda^i{}_\beta F^{\alpha\beta} \\
&= \Lambda^i{}_j \left(\Lambda^4{}_k F^{kj} + \Lambda^4{}_4 F^{4j}\right) + \Lambda^4{}_j \Lambda^i{}_4 F^{j4} \\
&= \gamma\epsilon^{ijk}\frac{v_j}{c}B_k + \gamma E^i - \gamma^2\frac{E^j v_j}{c^2}v^i + \gamma(\gamma-1)\frac{E^j v_j}{v^2}v^i,
\end{aligned}
\tag{S.26}
$$

ossia, in forma esplicitamente vettoriale:

$$
\mathbf{E}' = \gamma\left[\mathbf{E} + \frac{\mathbf{v}}{c}\times\mathbf{B} + \left(\frac{1}{\gamma}-1\right)\left(\frac{\mathbf{E}\cdot\mathbf{v}}{v^2}\right)\mathbf{v}\right].
\tag{S.27}
$$

Procediamo allo stesso modo per il campo magnetico. Partendo dalla legge di trasformazione (5.33) otteniamo

$$F'^{ij} = \Lambda^i{}_\alpha \Lambda^j{}_\beta F^{\alpha\beta}$$
$$= \Lambda^i{}_l \left(\Lambda^j{}_k F^{lk} + \Lambda^j{}_4 F^{l4}\right) + \Lambda^i{}_4 \Lambda^j{}_k F^{4k}$$
$$= \epsilon^{ijk} B_k + (\gamma - 1)\left(v^j \epsilon^{ikl} - v^i \epsilon^{jkl}\right)\frac{v_k B_l}{v^2} + \gamma\left(\frac{E^i v^j}{c} - \frac{v^i E^j}{c}\right).$$

$$(S.28)$$

Per ottenere le componenti del campo magnetico moltiplichiamo quindi per $\epsilon_{ija}/2$. L'equazione precedente fornisce allora

$$B'_a = \frac{1}{2}\epsilon_{ija} F'^{ij}$$
$$= B_a - \gamma\epsilon_{ija}\frac{v^i}{c} E^j + \frac{\gamma - 1}{v^2}\left(v^2 B_a - v^j B_j v_a\right), \qquad (S.29)$$

ossia, in forma esplicitamente vettoriale:

$$\mathbf{B}' = \gamma\left[\mathbf{B} - \frac{\mathbf{v}}{c} \times \mathbf{E} + \left(\frac{1}{\gamma} - 1\right)\left(\frac{\mathbf{v}\cdot\mathbf{B}}{v^2}\right)\mathbf{v}\right]. \qquad (S.30)$$

Le relazioni (S.27), (S.30) rappresentano le trasformazioni cercate, per un *boost* con velocità $\mathbf{v}$ lungo una direzione arbitraria. Proiettando lungo la direzione del moto, ossia moltiplicando scalarmente tali equazioni per $\mathbf{v}/v$, otteniamo

$$E'_{\parallel} \equiv \frac{\mathbf{E}'\cdot\mathbf{v}}{v} = \frac{\mathbf{E}\cdot\mathbf{v}}{v} \equiv E_{\parallel},$$
$$B'_{\parallel} \equiv \frac{\mathbf{B}'\cdot\mathbf{v}}{v} = \frac{\mathbf{B}\cdot\mathbf{v}}{v} \equiv B_{\parallel}, \qquad (S.31)$$

in perfetto accordo con il precedente risultato (5.43), (5.44). Per le componenti ortogonali al moto abbiamo invece

$$\mathbf{E}'_{\perp} = \gamma\left(\mathbf{E}_{\perp} + \frac{\mathbf{v}}{c} \times \mathbf{B}\right),$$
$$\mathbf{B}'_{\perp} = \gamma\left(\mathbf{B}_{\perp} - \frac{\mathbf{v}}{c} \times \mathbf{E}\right), \qquad (S.32)$$

anche queste in accordo con le equazioni (5.43), (5.44).

Esercizio N.9. Soluzione

La relazione tra gli intervalli spaziali e temporali dei due sistemi è data dall'Eq. (4.1). Nel sistema S' gli eventi sono simultanei, per cui $\Delta t' = 0$. Ponendo $\Delta x' = d'$ otteniamo quindi immediatamente

$$d = \Delta x = \gamma d', \qquad\qquad \Delta t = \frac{v}{c^2}\gamma d'. \qquad (S.33)$$

Si noti che l'intervallo spazio-temporale tra i due eventi è lo stesso in entrambi i sistemi:

$$\Delta s'^2 = d'^2,$$

$$\Delta s^2 = d^2 - c^2 \Delta t^2 = \gamma^2 d'^2 - \frac{v^2}{c^2}\gamma^2 d'^2 \equiv d'^2. \qquad \text{(S.34)}$$

Esercizio N.10. Soluzione

Supponiamo, per semplicità, che l'oggetto luminoso transiti per l'origine del sistema S al tempo $t = 0$: in questo caso la sua traiettoria sarà descritta dall'equazione $y = vt$, con $v = $ costante.

Ad un generico istante t l'oggetto si troverà nel punto P_1 di coordinate $(0, vt)$ del piano $\{x, y\}$, e la luce emessa a quell'istante sarà ricevuta dall'osservatore O_1 al tempo $t_1 = t + (P_1 O_1)/c$, dove la distanza $(P_1 O_1)$ è data da

$$(P_1 O_1) = \sqrt{b^2 + (a - vt)^2} \qquad \text{(S.35)}$$

(si veda la Fig. S.1). Contemporaneamente l'osservatore O_2 riceverà la luce che l'oggetto ha emesso dalla posizione P_2, di coordinate $(0, vt_2)$, tale che

$$t_1 = t + \frac{(P_1 O_1)}{c} = t_2 + \frac{(P_2 O_2)}{c} = t_2 + \frac{1}{c}\sqrt{b^2 + (a + vt_2)^2} \qquad \text{(S.36)}$$

(si veda la Fig. S.1), ossia:

$$ct + \sqrt{b^2 + (a - vt)^2} = ct_2 + \sqrt{b^2 + (a + vt_2)^2}. \qquad \text{(S.37)}$$

Al generico istante t la posizione apparente dell'oggetto in moto verrà dunque localizzata dai due osservatori nel punto A determinato dall'intersezione delle rette r_1 e r_2 mostrate in Fig. S.1, e individuate dalle traiettorie dei raggi luminosi ricevuti simultaneamente da O_1 e O_2. La retta r_1 passa per i punti $P_1 = (0, vt)$ e $O_1 = (b, a)$, ed ha equazione

$$b(y - vt) = x(a - vt), \qquad \text{(S.38)}$$

mentre la retta r_2 passa per i punti $P_2 = (0, vt_2)$ e $O_2 = (b, -a)$, ed ha equazione

$$b(y - vt_2) = -x(a + vt). \qquad \text{(S.39)}$$

Le coordinate del punto di intersezione A sono dunque date da

$$x_A(t) = \frac{bv(t - t_2)}{v(t - t_2) - 2a}, \qquad y_A(t) = -\frac{av(t + t_2)}{v(t - t_2) - 2a}. \qquad \text{(S.40)}$$

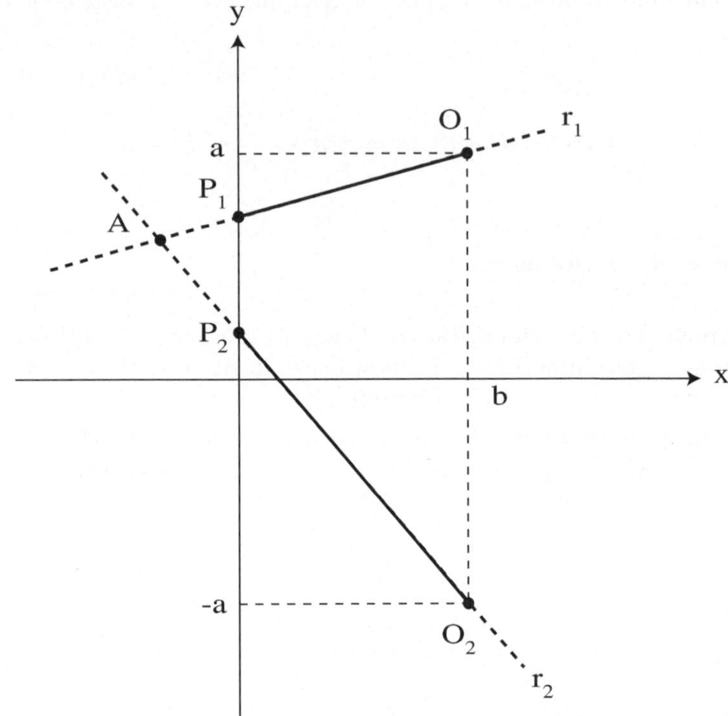

Figura S.1. La luce emessa dall'oggetto in moto dalle posizioni P_1 e P_2 viaggia lungo le rette r_1 e r_2 e raggiunge simultaneamente i due osservatori statici O_1 e O_2. La posizione apparente dell'oggetto viene localizzata nel punto A determinato dall'intersezione delle due rette

Ricavando t_2 in funzione di t dall'Eq. (S.37), e sostituendolo nelle due equazioni precedenti, si ottengono così le equazioni parametriche per il moto apparente del punto luminoso nel piano $\{x, y\}$. Eliminando t, ed esprimendo y_A in funzione di x_A, si ha infine la corrispondente equazione della traiettoria apparente.

Esercizio N.11. Soluzione

Consideriamo una particella che si muove con velocità di modulo u nel piano $\{x, y\}$ di un sistema inerziale S, lungo una traiettoria che forma un angolo θ con l'asse x di tale sistema. Nel sistema S', collegato a S da un *boost* con velocità v lungo l'asse x, la direzione della traiettoria è modificata dall'effetto di aberrazione, e il nuovo angolo θ' soddisfa la condizione

$$\tan\theta' = \frac{\sin\theta}{\gamma\left(\cos\theta - v/u\right)} \qquad\qquad (\text{S.41})$$

(si veda la Sez. 4.3.2 e, in particolare, l'Eq. (4.26)).

Supponiamo ora che al moto di questa particella libera sia associata la propagazione di un'onda piana che ha frequenza ω, velocità di fase di modulo w, e direzione di propagazione che coincide con quella della particella. Il corrispondente quadrivettore d'onda k^μ (si veda l'Eq. (4.48)) nel sistema S ha quindi le seguenti componenti:

$$k^\mu = \left(\frac{\omega}{w}\cos\theta, \frac{\omega}{w}\sin\theta, 0, \frac{\omega}{c}\right). \qquad\qquad (\text{S.42})$$

Nel sistema S' le componenti di k'^μ si ottengono effettuando il *boost* rappresentato dalla matrice di Lorentz (2.7). Un calcolo esplicito fornisce, in particolare,

$$k'_y = k_y, \qquad\qquad k'_x = \gamma\left(k_x - \frac{v}{c}k_4\right). \qquad\qquad (\text{S.43})$$

La direzione di propagazione dell'onda nel sistema S' è dunque individuata dall'angolo θ'_w tale che

$$\tan\theta'_w = \frac{k'_y}{k'_x} = \frac{\sin\theta}{\gamma\left(\cos\theta - vw/c^2\right)}. \qquad\qquad (\text{S.44})$$

Affinchè l'associazione particella $\leftrightarrow$ onda sia consistente, e compatibile con le trasformazioni di Lorentz della relatività ristretta, è necessario che le direzione di propagazione della particella e dell'onda coincidano in tutti i sistemi inerziali: nel sistema S', in particolare, si deve avere $\theta' = \theta'_w$. Confrontando le equazioni (S.41) e (S.44) è immediato concludere che ciò si realizza purchè

$$u = \frac{c^2}{w} \equiv u_g, \qquad\qquad (\text{S.45})$$

ossia purchè la velocità della particella corrisponda alla velocità di gruppo u_g dell'onda ad essa associata.

Esercizio N.12. Soluzione

Si consideri il quadrivettore d'onda k^μ associato associato a una particella libera che si muove con velocità di modulo u lungo la direzione individuata dal versore $\mathbf{n}$. Usando il risultato (S.45) tale quadrivettore può essere scritto come segue:

$$k^\mu = \left(\frac{\omega}{w}\mathbf{n}, \frac{\omega}{c}\right) = \frac{\omega}{c}\left(\frac{u_g}{c}\mathbf{n}, 1\right) = \frac{\omega}{c}\left(\frac{\mathbf{u}}{c}, 1\right). \qquad\qquad (\text{S.46})$$

Se poniamo $\mathcal{E} = \hbar\omega$, e sfruttiamo la relazione (6.38) tra energia, velocità ed impulso relativistico, otteniamo anche

$$k^\mu = \frac{\mathcal{E}}{\hbar c}\left(\frac{\mathbf{u}}{c}, 1\right) = \frac{1}{\hbar}\left(\frac{\mathcal{E}}{c^2}\mathbf{u}, \frac{\mathcal{E}}{c}\right) = \frac{1}{\hbar}\left(\mathbf{p}, \frac{\mathcal{E}}{c}\right) = \frac{p^\mu}{\hbar},\qquad(\text{S.47})$$

dove p^μ è il quadrivettore impulso (6.34). Prendendo le componenti spaziali di questa equazione arriviamo così alla versione relativistica della relazione di De Broglie,

$$\mathbf{p} = \hbar\mathbf{k},\qquad(\text{S.48})$$

dove $\mathbf{k}$ è il vettore d'onda definito dall'Eq. (4.48).

Esercizio N.13. Soluzione

I quadrivettori u^μ e u'^μ sono collegati dalla trasformazione

$$u'^\mu = (\Lambda_B)^\mu{}_\nu u^\nu,\qquad(\text{S.49})$$

dove Λ_B è la matrice di Lorentz dell'Eq. (2.32) che rappresenta un *boost* lungo una direzione arbitraria. Inserendo le componenti esplicite di u^μ e u'^μ si trova che la parte spaziale della trasformazione (S.49) può essere scritta in forma vettoriale come segue,

$$\gamma(u')\mathbf{u}' = \gamma(u)\mathbf{u} + \mathbf{v}\left[\gamma(v) - 1\right]\gamma(u)\frac{\mathbf{u}\cdot\mathbf{v}}{v^2} - \gamma(v)\gamma(u)\mathbf{v}.\qquad(\text{S.50})$$

D'altra parte, prendendo la radice quadrata dell'Eq. (4.20) si ottiene la relazione

$$\gamma(u)\gamma(v) = \frac{\gamma(u')}{1 - \mathbf{u}\cdot\mathbf{v}/c^2},\qquad(\text{S.51})$$

che collega tra loro i fattori di Lorentz $\gamma(u)$, $\gamma(v)$ e $\gamma(u')$. Dividendo l'Eq. (S.50) per $\gamma(u')$, e sfruttando la relazione precedente, si arriva così alla legge di trasformazione

$$\mathbf{u}' = \frac{\mathbf{u} + \mathbf{v}\left[\gamma(v) - 1\right]\left(\mathbf{u}\cdot\mathbf{v}/v^2\right) - \mathbf{v}\gamma(v)}{\gamma(v)\left(1 - \mathbf{u}\cdot\mathbf{v}/c^2\right)}.\qquad(\text{S.52})$$

che coincide esattamente con il risultato cercato (4.14).

Esercizio N.14. Soluzione

Moltiplicando scalarmente il quadrivettore accelerazione (4.34) per se stesso otteniamo, in generale,

$$\begin{aligned}
a^\mu a_\mu &= \gamma^2\left[|\dot\gamma\mathbf{v} + \gamma\mathbf{a}|^2 - c^2\dot\gamma^2\right]\\
&= \gamma^2\left[\dot\gamma^2 v^2 + \gamma^2 a^2 + 2\gamma\dot\gamma\,\mathbf{a}\cdot\mathbf{v} - c^2\dot\gamma^2\right],
\end{aligned}\qquad(\text{S.53})$$

dove il punto indica la derivata rispetto a t, dove $\mathbf{a} = d\mathbf{v}/dt$, e dove abbiamo usato la notazione $v = |\mathbf{v}|$, $a = |\mathbf{a}|$.

Dalla definizione di γ, d'altra parte, si ha

$$\dot{\gamma} = \gamma^3 \frac{\mathbf{v} \cdot \mathbf{a}}{c^2}. \tag{S.54}$$

Perciò, sostituendo nell'equazione precedente,

$$\begin{aligned}
a^\mu a_\mu &= \gamma^2 \left[\gamma^2 a^2 + \frac{(\mathbf{a} \cdot \mathbf{v})^2}{c^2} \gamma^4 \left(\gamma^2 \frac{v^2}{c^2} - \gamma^2 + 2 \right) \right] \\
&= \gamma^6 \left[a^2 \left(1 - \frac{v^2}{c^2} \right) + \frac{(\mathbf{a} \cdot \mathbf{v})^2}{c^2} \right].
\end{aligned} \tag{S.55}$$

Supponiamo infine che i vettori $\mathbf{a}$ e $\mathbf{v}$ formino tra loro un angolo θ, ossia che

$$\mathbf{a} \cdot \mathbf{v} = a\,v\cos\theta. \tag{S.56}$$

Il risultato (S.55) può allora essere riscritto nella forma

$$a^\mu a_\mu = \gamma^6 a^2 \left[1 - \frac{v^2}{c^2} \left(1 - \cos^2\theta \right) \right] = \gamma^6 a^2 \left(1 - \frac{v^2}{c^2} \sin^2\theta \right), \tag{S.57}$$

che evidenzia in modo esplicito la dipendenza dall'angolo tra velocità ed accelerazione. Per $\theta = 0$ si ottiene

$$a^\mu a_\mu = \gamma^6 a^2 \equiv \left| \frac{d}{dt} \left(\gamma \mathbf{v} \right) \right|^2, \tag{S.58}$$

in accordo con l'espressione (4.42) ricavata nel caso di un moto unidimensionale.

Esercizio N.15. Soluzione

Procediamo come nel caso dell'Esercizio N.13, considerando la stessa particella vista da due sistemi inerziali S e S' collegati tra loro da un generico *boost* con velocità $\mathbf{v}$.

Nel sistema S la particella si muove con velocità $\mathbf{u}$, e la forza che agisce su di essa è descritta dal quadrivettore (6.48) con componenti

$$F^\mu = \left(\gamma(u)\mathbf{f}, \gamma(u) \frac{\mathbf{f} \cdot \mathbf{u}}{c} \right). \tag{S.59}$$

Nel sistema S' la particella si muove con velocità $\mathbf{u}'$, e la forza è descritta dal quadrivettore

$$F'^{\mu} = \left(\gamma(u')\mathbf{f}', \gamma(u')\frac{\mathbf{f}' \cdot \mathbf{u}'}{c} \right).\tag{S.60}$$

Applicando un generico *boost* rappresentato dalla matrice di Lorentz (2.32) si trova che le componenti spaziali di F e F' sono collegate tra loro dalla seguente trasformazione vettoriale:

$$\gamma(u')\mathbf{f}' = \gamma(u)\mathbf{f} + \mathbf{v}\left[\gamma(v) - 1\right]\gamma(u)\frac{\mathbf{f} \cdot \mathbf{v}}{v^2} - \gamma(v)\gamma(u)\frac{\mathbf{f} \cdot \mathbf{u}}{c^2}.\tag{S.61}$$

Dividendo per $\gamma(u')$, ed usando per $\gamma(u)/\gamma(u')$ la relazione fornita dall'Eq. (S.51), arriviamo infine alla legge di trasformazione cercata:

$$\mathbf{f}' = \frac{\mathbf{f} + \mathbf{v}\left[\gamma(v) - 1\right]\left(\mathbf{f} \cdot \mathbf{v}/v^2\right) - \mathbf{v}\gamma(v)(\mathbf{f} \cdot \mathbf{u}/c^2)}{\gamma(v)\left(1 - \mathbf{u} \cdot \mathbf{v}/c^2\right)}.\tag{S.62}$$

Nel caso particolare di un *boost* lungo l'asse x abbiamo $\mathbf{v} = (v,0,0)$, e l'equazione precedente si riduce a

$$f'_y = \frac{f_y}{\gamma\left(1 - u_x v/c^2\right)}, \qquad f'_z = \frac{f_z}{\gamma\left(1 - u_x v/c^2\right)},$$

$$f'_x = \frac{f_x - (\mathbf{f} \cdot \mathbf{u})v/c^2}{1 - u_x v/c^2}.\tag{S.63}$$

Esercizio N.16. Soluzione

Orientiamo gli assi cartesiani del sistema S in modo tale che il campo elettrico sia diretto lungo l'asse x e il campo magnetico lungo l'asse z:

$$\mathbf{E} = (E,0,0), \qquad\qquad \mathbf{B} = (0,0,B).\tag{S.64}$$

Consideriamo quindi il sistema S' collegato a S da un *boost* lungo l'asse y, e fissiamo la velocità v del *boost* in modo tale che il campo elettrico del sistema S' sia identicamente nullo. Dalle equazioni di trasformazione (5.43) abbiamo

$$E'_x = \gamma\left(E_x + \frac{v}{c}B_z\right), \qquad E'_y = E_y = 0, \qquad E'_z = \gamma E_z = 0,\tag{S.65}$$

e la condizione $\mathbf{E}' = 0$ fornisce quindi

$$\frac{v}{c} = -\frac{E}{B}, \qquad\qquad \gamma = \left(1 - \frac{E^2}{B^2}\right)^{-1/2}.\tag{S.66}$$

Sostituendo questo risultato nelle equazioni di trasformazione (5.44) otteniamo infine le componenti del campo magnetico nel sistema S':

$$B'_x = 0, \qquad\qquad B'_y = 0,$$

$$B'_z = \gamma\left(B_z + \frac{v}{c}E_x\right) = \gamma\left(B - \frac{E^2}{B}\right) = B\left(1 - \frac{E^2}{B^2}\right)^{1/2}.\tag{S.67}$$

Esercizio N.17. Soluzione

Il campo elettromagnetico del sistema S è rappresentato dal tensore

$$F_{\mu\nu} = \partial_\mu A_\nu - \partial_\nu A_\mu = \partial_\mu \left(r_\nu s_\alpha x^\alpha \right) - \partial_\nu \left(r_\mu s_\alpha x^\alpha \right)$$
$$= r_\nu s_\mu - r_\mu s_\nu, \tag{S.68}$$

ed è quindi un campo costante e uniforme perchè i quadrivettori r_ν e s_μ non dipendono dalle coordinate. Poichè il moto della particella carica non risente dei campi presenti deve inoltre risultare nulla la forza elettromagnetica totale (6.71), ossia deve valere la condizione

$$\mathbf{E} = -\frac{\mathbf{v}_0}{c} \times \mathbf{B}, \tag{S.69}$$

dove $\mathbf{v}_0$ è la velocità costante della particella prima dell'intervento esterno. Ne consegue che i campi $\mathbf{E}$ e $\mathbf{B}$ sono ortogonali tra loro, con $|\mathbf{E}| < |\mathbf{B}|$. Possiamo perciò orientare gli assi del sistema S in modo da allineare l'asse x con $\mathbf{E}$ e l'asse z con $\mathbf{B}$,
$$\mathbf{E} = (E, 0, 0) , \qquad \mathbf{B} = (0, 0, B) , \tag{S.70}$$

riproducendo così esattamente la configurazione elettromagnetica discussa nell'esercizio precedente.

Per tale configurazione le equazioni del moto (6.71), (6.73) si riducono a

$$\dot{p}_x = q \left(E + \frac{v_y}{c} B \right) , \qquad \dot{p}_y = -q \frac{v_x}{c} B,$$
$$\dot{p}_z = 0, \qquad \dot{\mathcal{E}} = qEv_x, \tag{S.71}$$

dove il punto indica la derivata rispetto alla coordinata temporale del sistema S. Finchè la velocità della particella rimane fissa sul particolare valore

$$\mathbf{v}_0 = \left(0, -\frac{cE}{B}, 0 \right) , \tag{S.72}$$

il moto resta rettilineo e uniforme, con $\mathbf{p}$ ed $\mathcal{E}$ costanti. Quando tale velocità viene modificata da un appropriato intervento esterno la particella entra invece in un diverso regime di moto, che è ancora descritto dalle equazioni (S.71), ma che in generale risulta periodico nel piano $\{x, y\}$ ortogonale alla direzione del campo magnetico. Risolvendo le equazioni (S.71) per $x(t)$ e $y(t)$ si ottengono le equazioni parametriche della traiettoria nel piano $\{x, y\}$, e si può determinare il corrispondente periodo.

Tale periodo può anche essere ottenuto, in modo più semplice e rapido, lavorando nel sistema inerziale S' nel quale il campo elettrico $\mathbf{E}'$ è nullo. Sfruttando i risultati dell'Esercizio N.16 sappiamo infatti che S' è collegato a

S da un *boost* lungo l'asse y con velocità data dall'Eq. (S.66), e che il campo magnetico di S' è costante e uniforme, diretto lungo l'asse z', e di modulo B' dato dall'Eq. (S.67). In questo caso (come ben noto) il moto di una particella carica descrive in generale una traiettoria elicoidale attorno all'asse z', e la sua proiezione nel piano ortogonale $\{x', y'\}$ è un moto circolare con frequenza ω' data dall'Eq. (6.77), con periodo

$$T' = \frac{2\pi}{\omega'} = \frac{2\pi \mathcal{E}'}{qcB'}, \tag{S.73}$$

dove $\mathcal{E}'$ è l'energia della particella nel sistema S'.

Per un *boost* lungo l'asse y caratterizzato dalla velocità (S.66), d'altra parte, l'energia $\mathcal{E}'$ può essere espressa come segue:

$$\mathcal{E}' = \gamma\left(\mathcal{E} - vp_y\right) = \left(1 - \frac{E^2}{B^2}\right)^{-1/2}\left(\mathcal{E} + \frac{cE}{B}p_y\right). \tag{S.74}$$

Inoltre, sempre per tale *boost*, la relazione di dilatazione temporale (4.6) che collega T' al periodo T del moto misurato nel sistema S assume la forma

$$T = \gamma T' = \frac{2\pi \mathcal{E}'}{qcB'}\left(1 - \frac{E^2}{B^2}\right)^{-1/2}. \tag{S.75}$$

Sostituendo in questa relazione i valori di $\mathcal{E}'$ e B', forniti rispettivamente dalle equazioni (S.74) e (S.67), arriviamo infine al periodo cercato:

$$T = \frac{2\pi}{qcB}\frac{(\mathcal{E} + cEp_y/B)}{(1 - E^2/B^2)^{3/2}}. \tag{S.76}$$

Si può facilmente verificare che questo periodo è costante derivando rispetto al tempo, ricordando che $\dot{E} = \dot{B} = 0$, e sfruttando le equazioni del moto (S.71). Combinandole si ottiene infatti la relazione

$$\dot{\mathcal{E}} = qEv_x = -c\frac{E}{B}\dot{p}_y, \tag{S.77}$$

che implica $\dot{T} = 0$.

Esercizio N.18. Soluzione

Notiamo innanzitutto che il campo di forze centrali (E.9) si può derivare da un potenziale scalare $V = V(r)$ che dipende solo dalla coordinata radiale,

$$\mathbf{f} = -\boldsymbol{\nabla}V, \qquad\qquad V = -\frac{g^2}{r}. \tag{S.78}$$

Il moto della particella di prova è dunque controllato dalla seguente Lagrangiana relativistica,

$$L = -mc^2\sqrt{1 - \frac{v^2}{c^2}} - V(r). \tag{S.79}$$

Poichè il campo è di tipo centrale, il moto soddisfa inoltre alle condizioni

$$\mathbf{r} \times \mathbf{f} = 0, \qquad\qquad \mathbf{r} \cdot (\mathbf{r} \times \mathbf{p}) = 0, \tag{S.80}$$

che ci dicono che il momento angolare $\mathbf{r} \times \mathbf{p}$ è costante, e che la traiettoria della particella è confinata su di un piano passante per l'origine. Introducendo su questo piano coordinate polari r e φ tali che

$$x = r\cos\varphi, \qquad\qquad y = r\sin\varphi, \tag{S.81}$$

la Lagrangiana si può riscrivere nella forma

$$L = -mc^2 \left[1 - \frac{1}{c^2}\left(\dot{r}^2 + r^2\dot{\varphi}^2\right)\right]^{1/2} + \frac{g^2}{r}, \tag{S.82}$$

dove il punto indica la derivata rispetto a t.

Questa Lagrangiana non dipende esplicitamente nè da φ nè da t, ed è quindi caratterizzata da due costanti (o "integrali primi") del moto, collegati rispettivamente al momento angolare e all'energia totale. Applicando le equazioni di Eulero-Lagrange (6.5) si trova che tali costanti si ottengono calcolando il momento coniugato alla variabile angolare φ,

$$\frac{\partial L}{\partial \dot{\varphi}} = m\gamma r^2 \dot{\varphi} \equiv h = \text{costante}, \tag{S.83}$$

e l'Hamiltoniana (si veda la definizione (6.8)),

$$H = m\gamma c^2 - \frac{g^2}{r} \equiv E = \text{costante}, \tag{S.84}$$

dove γ è il fattore di Lorentz

$$\gamma = \left[1 - \frac{1}{c^2}\left(\dot{r}^2 + r^2\dot{\varphi}^2\right)\right]^{-1/2}, \tag{S.85}$$

e dove h ed E sono parametri costanti che dipendono dalle condizioni iniziali.

Per scrivere l'equazione del moto in coordinate polari possiamo ora procedere in due modi: utilizzare direttamente l'equazione di Eulero-Lagrange per la variabile r, oppure, sfruttando le costanti del moto appena definite, combinare tra loro le equazioni (S.83), (S.84).

Adottiamo il secondo metodo, indicando con un primo la derivata rispetto a φ, e ponendo

$$\dot{r} = r'\dot{\varphi}, \qquad r' = \frac{dr}{d\varphi}. \tag{S.86}$$

Elevando al quadrato l'Eq. (S.83), e ricavando $\dot{\varphi}^2$, otteniamo

$$\dot{\varphi}^2 = \frac{h^2}{m^2 r^4} \left[1 + \frac{h^2}{m^2 r^4 c^2} \left(r'^2 + r^2 \right) \right]^{-1}. \tag{S.87}$$

Dall'Eq. (S.85) abbiamo inoltre

$$\frac{1}{\gamma^2} \equiv 1 - \frac{1}{c^2} \left(r'^2 + r^2 \right) \dot{\varphi}^2 = \frac{m^2 c^4}{\left(E + g^2/r \right)^2}, \tag{S.88}$$

e quindi, usando per $\dot{\varphi}^2$ l'Eq. (S.87),

$$\frac{1}{m^2 c^4} \left(E + \frac{g^2}{r} \right)^2 = 1 + \frac{h^2}{m^2 r^4 c^2} \left(r'^2 + r^2 \right). \tag{S.89}$$

Sostituiamo ora la variabile r con la variabile $u = 1/r$, tale che $r' = -u'/u^2$, e deriviamo rispetto a φ entrambi i membri dell'equazione precedente. Otteniamo così la condizione differenziale

$$u' \left(u'' + u \right) = u' \left(\frac{g^2 E}{h^2 c^2} + \frac{g^4}{h^2 c^2} u \right), \tag{S.90}$$

che caratterizza il moto in funzione dei parametri costanti E e h.

Una possibile soluzione di questa equazione corrisponde al caso $u' = 0$, ossia $r =$ costante, che descrive un'orbita di tipo circolare. Scartando questa possibilità possiamo dividere per u' l'equazione precedente, e ponendo

$$k^2 = 1 - \frac{g^4}{h^2 c^2}, \qquad \frac{k^2}{p} = \frac{g^2 E}{h^2 c^2}, \tag{S.91}$$

arriviamo infine all'equazione del moto scritte nella forma

$$u'' + k^2 u = \frac{k^2}{p}. \tag{S.92}$$

La soluzione generale di questa equazione è data alla soluzione generale dell'equazione omogena più una soluzione particolare dell'equazione non-omogenea, e dipende da due costanti in integrazione che chiameremo e e φ_0. Se prendiamo delle condizioni iniziali per le quali il moto rimane confinato in una porzione finita di spazio è conveniente scrivere la soluzione generale nella forma seguente,

$$u = \frac{1}{p} \left[1 + e \cos k(\varphi - \varphi_0) \right], \tag{S.93}$$

con $0 < e < 1$. Nel limite non-relativistico in cui $c \to \infty$ si ha $k \to 1$, e l'Eq. (S.93) si riduce all'equazione che descrive (in coordinate polari) un'ellisse di eccentricità e e posizione del perielio $\varphi = \varphi_0$.

Se non trascuriamo le correzioni relativistiche, e prendiamo per k il valore prescritto dall'Eq. (S.91), troviamo che il moto è ancora compreso tra una posizione di minima e massima distanza dall'origine, ma l'orbita non è più chiusa: non descrive un'ellisse, bensì una curva detta *rosetta*. Il perielio, ossia il punto di minima distanza dalla sorgente del campo centrale, non viene più raggiunto periodicamente dopo che il moto del corpo ha sotteso un angolo $\varphi - \varphi_0 = 2\pi$, bensì dopo un angolo $k(\varphi - \varphi_0) = 2\pi$. Perciò, ad ogni giro, c'è uno spostamento angolare del perielio controllato dal cosiddetto "angolo di precessione"

$$\Delta\varphi = \frac{2\pi}{k} - 2\pi = 2\pi \left(\frac{1}{k} - 1 \right), \qquad (S.94)$$

dove k è dato dall'Eq. (S.91).

Possiamo supporre, in particolare, che valga la condizione $g^4 \ll h^2 c^2$ (condizione che è ben soddisfatta, ad esempio, per il moto di un corpo planetario sottoposto al campo di forze centrali prodotto dal potenziale Newtoniano del Sole). In questo caso possiamo sviluppare in serie k^2 attorno al valore non-relativistico $k = 1$, e troviamo che l'angolo di precessione, al primo ordine, è dato da

$$\Delta\varphi = \frac{\pi g^4}{h^2 c^2} + \mathcal{O}\left(\frac{g^8}{h^4 c^4} \right). \qquad (S.95)$$

Esercizio N.19. Soluzione

Consideriamo il prodotto scalare tra i quadrivettori impulso delle due particelle. Nel sistema S si ha

$$\eta_{\mu\nu} p_1^\mu p_2^\nu = \mathbf{p}_1 \cdot \mathbf{p}_2 - \frac{\mathcal{E}_1 \mathcal{E}_2}{c^2}, \qquad (S.96)$$

dove

$$\mathcal{E}_i = \sqrt{|\mathbf{p}_i|^2 c^2 + m_i^2 c^4}, \qquad\qquad i = 1, 2. \qquad (S.97)$$

Nel sistema S' in cui m_2 è a riposo si ha invece

$$\eta_{\mu\nu} p_1'^\mu p_2'^\nu = -\mathcal{E}_1' m_2 \qquad (S.98)$$

perchè $\mathbf{p}_2' = 0$ e $\mathcal{E}_2' = m_2 c^2$. Il prodotto scalare è un invariante relativistico, perciò i due risultati (S.96) e (S.98) possono essere uguagliati, e l'energia cercata $\mathcal{E}_1'$ è data da

$$\mathcal{E}_1' = \frac{\mathcal{E}_1 \mathcal{E}_2}{m_2 c^2} - \frac{\mathbf{p}_1 \cdot \mathbf{p}_2}{m_2}. \qquad (S.99)$$

Esercizio N.20. Soluzione

In qualunque sistema di riferimento l'energia cinetica totale $\mathcal{E}$ dei prodotti del decadimento è la somma delle energie $\mathcal{E}_i$ delle n particelle. Perciò l'energia $\mathcal{E}_1$ della particella di massa m_1 è massima quando la somma delle restanti energie, $\mathcal{E} - \mathcal{E}_1 = \mathcal{E}_2 + \mathcal{E}_3 + \cdots \mathcal{E}_n$, è minima.

Il valore minimo possibile di $\mathcal{E} - \mathcal{E}_1$, d'altra parte, si raggiunge nel caso in cui

$$\mathcal{E} - \mathcal{E}_1 = m_2 c^2 + m_3 c^2 + \cdots m_n c^2, \qquad (\text{S.100})$$

ossia nel caso in cui esiste un sistema di riferimento in tutte le $n-1$ particelle sono ferme. In questo caso, in un arbitrario sistema di riferimento i vettori velocità $\mathbf{v}_i$ (e quindi gli impulsi $\mathbf{p}_i$) delle $n-1$ particelle sono tutti paralleli tra loro. Ma questo implica che il processo di decadimento considerato è equivalente a un decadimento effettivo *a due corpi*, in cui viene prodotta una particella di massa m_1 e un'altra di massa M_2 tale che

$$M_2 = m_2 + m_3 + \cdots m_n, \qquad (\text{S.101})$$

Il caso del decadimento a due corpi è stato illustrato nella Sez. A.5. Sfruttando i risultati di quella sezione possiamo quindi concludere che la massima energia possibile per la particella m_1, nel sistema del centro di massa, è l'energia $\mathcal{E}'_1$ di un tipico processo a due corpi e quindi, in accordo all'Eq. (A.29), è data da

$$\mathcal{E}'_1 = \frac{1}{2M} \left(M^2 c^2 + m_1^2 c^2 - \sum_{i=2}^{n} m_i^2 c^2 \right). \qquad (\text{S.102})$$

Esercizio N.21. Soluzione

Mettiamoci nel sistema di riferimento in cui l'elettrone è inizialmente fermo, e chiamiamo rispettivamente p^μ e Q^μ i quadri-impulsi del fotone e dell'elettrone prima dell'urto, p'^μ e Q'^μ i corrispondenti quadri-impulsi dopo l'urto (si veda la Sez. 6.7). Assumendo che il sistema sia isolato abbiamo la relazione di conservazione

$$p^\mu + Q^\mu = p'^\mu + Q'^\mu, \qquad (\text{S.103})$$

da cui, moltiplicando scalarmente per p'_μ,

$$p'_\mu \left(p^\mu + Q^\mu \right) = p'_\mu \left(p'^\mu + Q'^\mu \right). \qquad (\text{S.104})$$

Se nel sistema del centro di massa i quadrivettori impulso prima e dopo l'urto sono collegati tra loro da una rotazione, in un arbitrario sistema di riferimento saranno collegati da una rotazione più un *boost*, ossia da una generica trasformazione del gruppo di Lorentz ristretto. Sfruttando l'invarianza di Lorentz dei prodotti scalari possiamo quindi scrivere la relazione

$$p_\mu \left(p^\mu + Q^\mu \right) = p'_\mu \left(p'^\mu + Q'^\mu \right), \qquad \text{(S.105)}$$

che combinata con la (S.104) fornisce:

$$p'_\mu p^\mu = Q^\mu \left(p_\mu - p'_\mu \right) \qquad \text{(S.106)}$$

(abbiamo usato la condizione di massa nulla del fotone, $p_\mu p^\mu = 0$).

Scriviamo esplicitamente l'Eq. (S.106), usando le corrispondenti componenti dei quadrivettori definiti nella Sez. 6.7. Otteniamo allora

$$\frac{h^2}{c^2} \nu \nu' \left(\cos\theta - 1 \right) = mh \left(\nu' - \nu \right), \qquad \text{(S.107)}$$

da cui, sfruttando la relazione $c = \lambda \nu$,

$$\lambda' - \lambda = \frac{h}{mc} \left(1 - \cos\theta \right), \qquad \text{(S.108)}$$

che descrive la variazione di lunghezza d'onda prodotta dall'effetto Compton, in accordo all'Eq. (6.107).

Esercizio N.22. Soluzione

Calcoliamo innanzitutto la massa invariante M, ovvero l'energia totale nel sistema centro di massa delle due particelle che collidono, e che rappresenta l'energia disponibile da distribuire tra gli stati finali del processo considerato. Dall'Eq. (A.12) abbiamo

$$\mathcal{E}_{\text{CM}} = Mc^2 = \sqrt{m_1^2 c^4 + m_2^2 c^4 + 2\mathcal{E}_1 m_2 c^2}, \qquad \text{(S.109)}$$

dove $\mathcal{E}_1$ è l'energia posseduta nel sistema del laboratorio dalla particella incidente.

Nota $\mathcal{E}_{\text{CM}}$, è immediato calcolare le energie delle particelle finale m_3 e m_4 nel sistema del centro di massa: applicando le equazioni (A.29), (A.30) abbiamo

$$\mathcal{E}'_3 = \frac{1}{2\mathcal{E}_{\text{CM}}} \left(\mathcal{E}^2_{\text{CM}} + m_3^3 c^4 - m_4^2 c^2 \right),$$

$$\mathcal{E}'_4 = \frac{1}{2\mathcal{E}_{\text{CM}}} \left(\mathcal{E}^2_{\text{CM}} + m_4^3 c^4 - m_3^2 c^2 \right). \qquad \text{(S.110)}$$

Per ottenere queste energie nel laboratorio è ora necessario considerare la trasformazione di Lorentz che collega il sistema del laboratorio a quello del centro di massa, e che è rappresentata da un *boost* lungo la direzione della particella incidente con parametro di velocità $\mathbf{V}_{\text{CM}}$ dato dall'Eq. (A.10). Ci interessa, in particolare, il modulo della velocità, che nel nostro caso è dato da

$$V_{\mathrm{CM}} = |\mathbf{V}_{\mathrm{CM}}| = \frac{c^2 |\mathbf{p}_1|}{\mathcal{E}_1 + m_2 c^2} = \frac{c\sqrt{\mathcal{E}_1^2 - m_1^2 c^4}}{\mathcal{E}_1 + m_2 c^2}, \qquad (\mathrm{S.111})$$

con parametro di Lorentz

$$\gamma_{\mathrm{CM}} = \frac{\mathcal{E}_1 + m_2 c^2}{\mathcal{E}_{\mathrm{CM}}}. \qquad (\mathrm{S.112})$$

Applicando tale trasformazione alla componente temporale del quadrivettore impulso troviamo allora che le energie $\mathcal{E}_3$, $\mathcal{E}_4$ del laboratorio sono collegate alle corrispondenti energie $\mathcal{E}_3'$, $\mathcal{E}_4'$ del centro di massa dalle seguenti relazioni,

$$\mathcal{E}_3 = \gamma_{\mathrm{CM}} \left(\mathcal{E}_3' + V_{\mathrm{CM}} |\mathbf{p}_3'| \cos\theta' \right),$$
$$\mathcal{E}_4 = \gamma_{\mathrm{CM}} \left(\mathcal{E}_4' - V_{\mathrm{CM}} |\mathbf{p}_4'| \cos\theta' \right), \qquad (\mathrm{S.113})$$

dove

$$|\mathbf{p}_3'| = |\mathbf{p}_4'| = \sqrt{\frac{\mathcal{E}_3'^2}{c^2} - m_3^2 c^2} = \sqrt{\frac{\mathcal{E}_4'^2}{c^2} - m_4^2 c^2}. \qquad (\mathrm{S.114})$$

Il cambio di segno davanti a V_{CM} nella seconda trasformazione è dovuto al fatto che gli impulsi del centro di massa $\mathbf{p}_3'$ e $\mathbf{p}_4'$ sono uguali in modulo ma diretti lungo direzioni opposte (si veda la Fig. A.1, con $\overline{p}_1'$ e $\overline{p}_2'$ sostituiti rispettivamente da p_3' e p_4'). Poichè l'angolo θ' è dato, e le quantità V_{CM}, $\mathcal{E}_3'$, $\mathcal{E}_4'$ sono tutte note in funzione di m_1, m_2, $\mathcal{E}_1$ (si vedano le equazioni (S.109)–(S.111)), le equazioni (S.113) determinano univocamente le energie cercate nel sistema del laboratorio.

Bibliografia

1. W. Rindler: *Introduction to Special Relativity* (Oxford University Press, Oxford, 1991). Edizione italiana: *Relatività Ristretta* (Edizioni Cremonese, Roma, 1971).
2. W. Rindler: *Essential Relativity* (Springer-Verlag, Berlin, 1977).
3. L. D. Landau, E. M. Lifshitz: *The Classical Theory of Fields* (Pergamon Press, Oxford, 1979). Edizione italiana: *Teoria dei Campi* (Editori Riuniti, Roma, 1999).
4. L. D. Landau, E. M. Lifshitz: *Electrodynamics of Continuous Media* (Pergamon Press, Oxford, 1960).
5. R. Resnick: *Introduzione alla Relatività Ristretta* (Casa Editrice Ambrosiana, Milano, 1969).
6. J. L. Anderson: *Principles of Relativity Physics* (Academic Press, New York, 1967).
7. J. Aharoni: *The Special Theory of Relativity* (Oxford University Press, Oxford, 1959).
8. V. Barone: *Relatività* (Bollati Boringhieri, Torino, 2004).

Indice analitico

UNITEXT – Collana di Fisica e Astronomia

Atomi, Molecole e Solidi
Esercizi risolti
Adalberto Balzarotti, Michele Cini, Massimo Fanfoni
2004, VIII, 304 pp., euro 26,00
ISBN 978-88-470-0270-8

Elaborazione dei dati sperimentali
Maurizio Dapor, Monica Ropele
2005, X, 170 pp., euro 22,95
ISBN 978-88-470-0271-5

An Introduction to Relativistic Processes and the Standard Model of Electroweak Interactions
Carlo M. Becchi, Giovanni Ridolfi
2006, VIII, 139 pp., euro 29,00
ISBN 978-88-470-0420-7

Elementi di Fisica Teorica
Michele Cini
1a ed. 2005. Ristampa corretta, 2006
XIV, 260 pp., euro 28,95
ISBN 978-88-470-0424-5

Esercizi di Fisica: Meccanica e Termodinamica
Giuseppe Dalba, Paolo Fornasini
2006, X, 361 pp., euro 26,95
ISBN 978-88-470-0404-7

Structure of Matter
An Introductory Course with Problems and Solutions
Attilio Rigamonti, Pietro Carretta
2nda ed., 2009, XVII, 490 pp., euro 41,55
ISBN 978-88-470-1128-1

Introduction to the Basic Concepts of Modern Physics
Special Relativity, Quantum and Statistical Physics
Carlo M. Becchi, Massimo D'Elia
2007, 2nd ed. 2010, X, 190 pp., euro 41,55
ISBN 978-88-470-1615-6

Introduzione alla Teoria della elasticità
Meccanica dei solidi continui in regime lineare elastico
Luciano Colombo, Stefano Giordano
2007, XII, 292 pp., euro 25,95
ISBN 978-88-470-0697-3

Fisica Solare
Egidio Landi Degl'Innocenti
2008, X, 294 pp., inserto a colori, euro 24,95
ISBN 978-88-470-0677-5

Meccanica quantistica: problemi scelti
100 problemi risolti di meccanica quantistica
Leonardo Angelini
2008, X, 134 pp., euro 18,95
ISBN 978-88-470-0744-4

Fenomeni radioattivi
Dai nuclei alle stelle
Giorgio Bendiscioli
2008, XVI, 464 pp., euro 29,95
ISBN 978-88-470-0803-8

Problemi di Fisica
Michelangelo Fazio
2008, XII, 212 pp., con CD Rom, euro 35,00
ISBN 978-88-470-0795-6

Metodi matematici della Fisica
Giampaolo Cicogna
2008, ristampa 2009, X, 242 pp., euro 24,00
ISBN 978-88-470-0833-5

Spettroscopia atomica e processi radiativi
Egidio Landi Degl'Innocenti
2009, XII, 496 pp., euro 30,00
ISBN 978-88-470-1158-8

Particelle e interazioni fondamentali
Il mondo delle particelle
Sylvie Braibant, Giorgio Giacomelli, Maurizio Spurio
2009, XIV, 504 pp. 150 figg., euro 32,00
ISBN 978-88-470-1160-1

I capricci del caso
Introduzione alla statistica, al calcolo della probabilità e alla teoria degli errori
Roberto Piazza
2009, XII, 254 pp. 50 figg., euro 22,00
ISBN 978-88-470-1115-1

Relatività Generale e Teoria della Gravitazione
Maurizio Gasperini
2010, XVIII, 294 pp., euro 25,00
ISBN 978-88-470-1420-6

Manuale di Relatività Ristretta
Maurizio Gasperini
2010, XVI, 158 pp., euro 20,00
ISBN 978-88-470-1604-0